AF591540

THÉORIE VAN MONS,

OU

NOTICE HISTORIQUE

SUR

LES MOYENS QU'EMPLOIE M. VAN MONS POUR OBTENIR D'EXCELLENS FRUITS DE SEMIS;

PAR A. POITEAU.

PARIS,

MADAME HUZARD (NÉE VALLAT LA CHAPELLE), LIBRAIRE
Rue de l'Éperon, n° 7.

1834.

THÉORIE VAN MONS,

OU

NOTICE HISTORIQUE

SUR LES MOYENS QU'EMPLOIE M. VAN MONS POUR OBTENIR D'EXCELLENS FRUITS DE SEMIS;

Par A. POITEAU.

La grande quantité de bonnes et d'excellentes Poires nouvelles, dont M. Van Mons enrichit l'Europe et l'Amérique du Nord depuis quarante ans, semble prouver assez clairement que le moyen qu'il emploie pour les obtenir est meilleur que tous les autres, puisque personne n'en obtient autant que lui. Cependant, quoiqu'il n'ait jamais caché son procédé, quoiqu'il en ait publié le principe avec son catalogue de fruits, en 1823, il n'est pas à ma connaissance qu'aucun pépiniériste, qu'aucun amateur, en France, ait essayé de le pratiquer, soit de confiance, soit pour en vérifier le résultat (1).

En 1833, la Société royale et centrale d'agriculture de la Seine a ouvert un concours et proposé des prix pour l'obtention de fruits nouveaux, bons ou perfectionnés; mais le programme publié à cet effet par la Société ne parle même pas de la théorie de M. Van Mons (2), il n'indique aucun moyen nouveau d'arriver au but désiré, et laisse les concurrens dans le vague de la routine, qui est

---

(1) J'excepte honorablement M. Bonnet, à Boulogne-sur-Mer, pomologiste éclairé, qui est allé plusieurs fois à Louvain voir les pépinières de M. Van Mons, et qui depuis trois ans fait des semis, selon le principe de ce grand maître.

(2) M. Van Mons est cependant bien connu de la Société, puisqu'il y a déjà de longues années qu'elle lui a décerné une médaille d'or pour les beaux et bons fruits nouveaux qu'il lui a présentés.

de semer au hasard et d'attendre que la nature fasse un miracle en produisant un bon fruit parmi des milliers de mauvais. Le temps fera connaître le résultat des concurrens, et c'est de quoi je ne dois pas m'occuper ici, mais je ne puis m'empêcher de regretter, qu'à notre époque, où les physiciens, les chimistes et les physiologistes font tous leurs efforts pour découvrir la marche, ou ce que l'on appelle vulgairement les secrets de la nature, la Société royale et centrale d'agriculture de la Seine ait passé sous silence la théorie de M. Van Mons, théorie appuyée maintenant d'un assez grand nombre d'expériences, pour qu'on puisse la placer au nombre des vérités démontrées.

J'ai dit qu'en 1823, M. Van Mons avait publié, en peu de mots, le principe des moyens qu'il employait pour obtenir de bons fruits nouveaux. En 1828, j'ai rapporté une partie de ces moyens dans des *Considérations sur le procédé qu'emploient les pépiniéristes pour obtenir de nouveaux fruits améliorés*, etc., publiées dans les *Annales de la Société d'horticulture de Paris*, tom. II, page 288. Aujourd'hui, j'appelle le principe de ces moyens Théorie Van Mons, et mon but est d'en indiquer l'origine, de la développer, de l'appuyer par des raisonnemens, par des faits, de tâcher d'en démontrer la solidité, de la faire admettre parmi nous, et de la présenter comme l'une des plus savantes et des plus utiles découvertes que le génie et le raisonnement aient faites vers la fin du XVIIIe siècle.

Certainement, M. Van Mons exposerait et développerait sa théorie infiniment mieux qu'il ne m'est possible de le faire; mais dans la crainte que ses nombreuses occupations, que sa modestie, surtout, ne le lui permettent pas, j'espère, du moins, pouvoir en donner une idée assez claire pour me faire pardonner l'audace d'écrire sur l'utile et importante découverte de ce savant et vénéré professeur. D'ailleurs, et toujours dans la crainte que M. Van Mons ne publie pas sa théorie, je crois faire une chose utile pour l'histoire, pour la chronologie des arbres fruitiers, en fixant l'époque de la naissance de cette théorie, ainsi que celle de plusieurs bons fruits que nou luidevons. Nous serions fort reconnaissans aujourd'hui envers nos aïeux, s'ils nous avaient laissé un plus grand nombre de renseignemens sur l'époque et les circonstances de l'apparition des fruits qu'ils nous ont transmis, et qui doivent disparaître entre les mains de nos neveux; nous aurions une base fixe pour calculer leur longévité, les degrés de leur affaiblissement, de leur détérioration, questions qui ont pris de l'importance dans ces derniers temps, et qu'il est difficile de résoudre, parce que l'homme ne vit pas assez pour mesurer les phases de la détérioration des fruits. Néanmoins, comme cette détérioration, longue ou prompte, est certaine, nous sommes fort intéressés à ne pas nous fier au hasard pour remplacer les vieux fruits à mesure qu'ils se détériorent, par de nouveaux fruits non moins bons ou meilleurs que les anciens que nous sommes condamnés à perdre successivement en raison de leur vétusté, de la faiblesse de leur constitution et des maladies qui les assiègent.

Dans cet état de choses, on doit considérer la théorie Van Mons comme une découverte très précieuse, en ce qu'elle nous enrichit de fruits nouveaux, la plupart supérieurs à ceux que nous possédons, et nous donne la certitude de pouvoir remplacer ceux qui sont inférieurs ou détériorés par de nouvelles variétés d'excellente qualité; elle est applicable au renouvellement des fruits à noyau et des fruits à pepins; mais c'est dans celui des Poires que l'on a les plus nombreux exemples de son efficacité, M. Van Mons s'étant plus particulièrement attaché à ce genre de fruits (sans négliger les autres, cependant) comme supérieur, tant par ses qualités que par la longue garde de plusieurs de ses variétés.

Origine et développement de la théorie Van Mons.

M. Van Mons, professeur de chimie à l'Université de Louvain (Belgique), depuis 1817, est né à Bruxelles, en 1765. Favorisé des dons les plus précieux de la nature, une bonne éducation y a mis le comble. L'étude de la physique et de la chimie l'a accoutumé de bonne heure à ne rien voir sans le regarder, et à n'observer aucun effet sans en rechercher la cause. Dès l'âge de 15 ans, ses idées étaient fixées sur la *natura rerum*, et depuis ce temps, ses méditations, ses recherches, ses expériences continuelles, loin d'y apporter des changemens, n'ont fait que les confirmer. Le goût du travail, qui ne l'a jamais quitté, le désir brûlant de savoir, l'ont mis, à l'âge de 20 ans, en état de se faire recevoir pharmacien, d'écrire et parler presque toutes les langues de l'Europe, et de correspondre avec les savans de toutes les nations.

Quoique M. Van Mons ait commencé ses expériences pomologiques dès son enfance, et qu'il ne cessât de les continuer, sa vaste capacité n'était pas remplie; il étudia la médecine pour savoir davantage, soutint sa thèse sur un objet de physiologie très en litige à cette époque, et fut reçu docteur à Paris. Il est né avec une telle force de tête, qu'il écrit, encore aujourd'hui, sur les plus graves sujets, au milieu du bruit, au milieu de gens qui conversent hautement sur des frivolités, et qu'il prend part à leur conversation sans que sa plume s'arrête.

M. Van Mons jouissait de la réputation d'homme supérieur et de la considération due à son mérite transcendant, quand la révolution de 1789 éclata. Bientôt la Belgique a été incorporée à la France, et M. Van Mons nommé représentant du peuple. Sa grande perspicacité lui fit découvrir promptement le Dédale sans issue dans lequel les affaires s'engageaient, et il écrivit un traité sur la philosophie politique, que la continuation de nos dissensions prouve être la seule voie dans laquelle il aurait fallu entrer, pour trouver la paix véritable et solide que nous cherchons inutilement dans des moyens où elle ne peut exister.

J'ai dû rappeler ces notions sur la jeunesse de M. Van Mons pour amener le lecteur à penser que, quand un homme de cette trempe établit une théorie sur la régénération des fruits, d'après des expériences suivies pendant cinquante années consécutives, on peut la recevoir avec d'autant plus de confiance qu'elle s'accorde avec la marche de la nature.

A l'âge de 15 ans, M. Van Mons semait dans le jardin de son père des fleurs vivaces, des Rosiers et d'autres arbrisseaux, dans le dessein d'en suivre le développement, les générations successives et les variations qui devaient en résulter. Il y joignit bientôt des pepins, des noyaux de fruits bien connus, et remarqua que, de tous ses jeunes plants, les Poiriers étaient ceux qui ressemblaient le moins à leur mère. Il parcourait les jardins, les pépinières, les marchés, les provinces environnantes pour confirmer ou rectifier ses premières idées sur les causes de la variation des fleurs et des fruits. A l'âge de 22 ans, les bases de sa théorie étaient fixées, et il s'établit pharmacien. Alors il avait un jardinier nommé Meuris dans lequel il remarqua des dispositions à l'observation ; il l'initia dans ses vues pomologiques, et en peu de temps, Meuris fut capable de voyager avec fruit, soit seul, soit avec son maître. Dans leurs voyages, ils achetaient partout les sauvageons et les francs d'arbres fruitiers de bon augure. Ils s'étaient si bien familiarisés avec les caractères que fournissent l'aspect, le bois et les feuilles, qu'ils achetaient aussi bien en hiver qu'en été. Quand leurs courses étaient lointaines, ils levaient même en plein été les arbres qu'ils achetaient et les emportaient de suite. Au moyen de ces acquisitions et de semis répétés, M. Van Mons eut en peu de temps 80 mille arbres fruitiers dans sa pépinière, ce qui le mit en état de suivre ses expériences sur une très grande échelle et d'obtenir plus promptement des résultats.

Voici un exemple de la rapidité des conceptions de M. Van Mons. Dans le commencement de l'émigration française, les propriétés du Sumac grimpant, *Rhus toxicodendron*, étaient préconisées en Belgique; une feuille de cette plante se vendait 6 et 7 sous, à Bruxelles; M. Van Mons en planta des boutures dans son jardin pour l'usage de sa pharmacie : un jour, en allant voir ses jeunes plants, il remarqua un jardinier qui taillait des arbres sans principes; aussitôt il court chez M. Villebon, qui était le phénix des horticulteurs de cette époque, et lui demande quels étaient les principes de la taille des arbres; la réponse fut: « Vous êtes trop vieux pour les apprendre. » Dans deux ans, répliqua M. Van Mons, je vous les apprendrai moi-même dans un livre que j'aurai fait imprimer. Alors il se mit à consulter les ouvrages français, anglais, hollandais, russes, allemands, et trouva que tout était à vérifier et à rectifier. Sa correspondance me prouve, en effet, qu'il est devenu bientôt lui-même le meilleur livre à consulter, non seulement sur la taille des arbres, mais encore sur une infinité d'opérations de culture.

Ses semis répétés sans interruption de mère en fils de fleurs annuelles, vivaces et d'arbrisseaux qui fleurissent et fructifient en peu de temps; de nouveaux voyages plus longs que les précédens pour observer les types sauvages de nos arbres fruitiers aux lieux où ils croissent et se reproduisent dans l'état de nature; de nouvelles générations obtenues des sauvageons et des francs (1) ainsi que de ses

(1) J'observe que, dans sa correspondance, M. Van Mons ne se sert pas

premiers semis dans sa pépinière; mille et mille observations diverses, recueillies de toutes parts, ont mis M. Van Mons à même d'établir une loi qui souffre peu d'exceptions; cette loi est que : tant que les plantes restent dans leur station naturelle, elles ne varient pas d'une manière sensible, qu'elles s'y reproduisent toujours les mêmes par leurs graines, mais qu'en changeant de climat et de territoire, plusieurs d'entre elles varient, les unes plus, les autres moins, et que quand une fois elles ont quitté leur état naturel, elles n'y rentrent jamais et s'en éloignent de plus en plus par les générations successives, et produisent assez souvent des races distinctes plus ou moins durables (1), et qu'enfin on a beau reporter ces variétés dépaysées dans la station, dans le territoire de leurs ancêtres, elles n'y reprennent pas le caractère de leur mère et ne rentrent jamais invariablement dans l'espèce d'où elles sont sorties (2).

---

du mot *franc*, et que pour lui ce nom est synonyme de *variété*. Chez nous, on appelle franc un arbre non greffé provenu d'une graine d'arbre fruitier domestique, et même tout arbre qui n'est pas greffé : ainsi, on dit Rosier franc, Camellia franc, Magnolia franc, Poirier franc, etc., quand ils proviennent de graine, marcotte ou bouture, et nous appliquons particulièrement l'épithète *sauvage* aux Poiriers, Pommiers qui croissent naturellement dans les bois et dont les fruits ne sont pas mangeables. Nous avons encore le mot *égrin*, qui tient le milieu entre sauvageon et franc, et s'applique aux Pommiers et Poiriers provenus de pepins des variétés de Poirier et de Pommier, dont le fruit gros et succulent n'est cependant pas mangeable, mais sert à faire le cidre en Normandie et ailleurs.

(1) On entend par race une variété ou un groupe de variétés qui conserve, en se reproduisant par graines, un caractère saillant survenu dans la variation : Ainsi, la Rave et le Radis forment deux races dans l'espèce *Raphanus sativus*; le Chou-fleur, le Chou Cabus, le Chou de Bruxelles, etc., forment autant de races dans l'espèce *Brassica oleracea*; la Reine-Marguerite naine forme une race dans l'espèce *Aster sinensis*; la Balsamine à bâton forme une race dans l'espèce *Impatiens Balsamina*. Ces races et plusieurs autres semblables, produites par la culture, s'effacent ou perdent leur caractère quand on cesse de les cultiver avec soin; plusieurs même disparaissent en changeant de territoire ou de pays.

(2) Nos idées sur la variation et la dégénérescence par semis sont en-

M. Van Mons a introduit dans sa pépinière des Poiriers sauvages au milieu de ses meilleures variétés perfectionnées; ces arbres sauvages ou sous-espèces naturelles, comme il les appelle, n'ont pas varié et ont continué de porter de mauvais fruits acerbes : les graines de ces mauvais fruits ont été semées et elles ont produit des arbres toujours sauvages, qui se sont chargés de fruits toujours mauvais et acerbes (1), et quoique ces arbres sauvages vé-

core si confuses, que l'assertion de M. Van Mons pourra paraître hasardée à quelques lecteurs. Cependant je la crois bien fondée et vais l'appuyer d'une expérience de ma pratique. D'abord je n'admets qu'avec de grandes restrictions le dire des poètes et de plusieurs écrivains en prose, que les fleurs perfectionnées de nos jardins ont leur type à l'état sauvage dans les champs qui nous environnent. Je suis persuadé, au contraire, que le type de nos légumes et de nos fleurs perfectionnés se trouve beaucoup plus loin. Les botanistes disent sans façon, et on les croit sur parole, que notre Pensée cultivée a son type dans la *Viola tricolor* qui croît dans nos champs, et qu'il a suffi de transporter cette *Viola tricolor* dans nos jardins, c'est à dire lui faire franchir seulement un mur, une haie, et de la mettre en meilleure terre pour lui faire prendre les caractères qu'ont actuellement nos Pensées. A ce sujet, je n'admets pas plus le dire des botanistes que celui des poètes. La Pensée est peut-être la plante qui varie le plus : mal cultivée, abandonnée à elle-même, elle continue de varier, elle produit nombre d'individus dégradés, qui paraissent des plantes presque sauvages, mais toujours très différentes de la *Viola tricolor* de nos champs. D'ailleurs la *Viola tricolor* de notre pays est cultivée depuis des siècles dans les jardins botaniques, et nulle part elle ne prend les caractères de nos Pensées. Je crois donc, conformément à la théorie Van Mons, que si la *Viola tricolor* est le type de nos Pensées, ce type n'est pas dans nos champs, mais à une certaine distance de nous, dans une terre d'une autre nature, peut-être en Italie, en Espagne, ou plus loin encore, et que c'est la *Viola tricolor* de l'un de ces pays ou d'un autre plus éloigné, qui est le type de nos Pensées, et non celle qui croît spontanément dans nos champs. Ce que je dis de la Pensée peut s'appliquer également à plusieurs autres fleurs et légumes perfectionnés de nos jardins. M. Van Mons a cultivé pendant long-temps la Carotte sauvage dans une bonne terre de jardin, et jamais il n'a pu la rendre ni plus grosse, ni plus succulente, ni meilleure ; elle a, dit-il, plutôt perdu que gagné. Donc le type de nos Carottes cultivées n'est pas dans nos champs.

(1) Peut-être pensera-t-on que M. Van Mons parle ici contre sa théo-

eussent et fleurissent au milieu de variétés perfectionnées, les semis des graines des uns et des autres n'ont produit aucun hybride, d'où M. Van Mons conclut qu'il ne peut y avoir de fécondation croisée entre une espèce naturelle et une variété. Il ne nie pas que les espèces puissent se féconder entre elles, ni que les variétés puissent également

---

rie, en disant que des Poiriers sauvages introduits dans sa pépinière n'ont varié ni en eux-mêmes, ni dans leurs descendances; mais je rappellerai que ces Poiriers sauvages ne venaient pas de loin, qu'en entrant dans la pépinière de M. Van Mons ils ne changeaient ni de climat ni de territoire, qui sont les deux causes les plus déterminantes de la variation. Je dirai de plus que la variation ne se manifeste pas toujours dès le commencement de l'émigration des plantes susceptibles de varier. Le Dahlia a été plusieurs années chez nous sans vouloir varier, et aujourd'hui il varie tant, qu'on ne reconnaît plus les deux espèces primitivement introduites.

Depuis long-temps, je crois que beaucoup de différences spécifiques ne sont dues qu'aux différentes latitudes. Voici une remarque qui, jointe à celles de M. Van Mons, me confirme dans mon opinion. J'ai trouvé à la Guiane française un certain nombre de végétaux qui, malgré quelques différences, me semblaient tellement les mêmes que ceux que j'avais précédemment décrits et figurés à Saint-Domingue, que j'ai cru devoir les considérer comme de simples variétés. Pendant ce temps, M. Auguste de Saint-Hilaire parcourait le Brésil, et dans la *Flore* qu'il publie actuellement de ce pays, je reconnais par-ci par-là des plantes qu'il donne comme de bonnes et nouvelles espèces non observées avant lui, et qui me paraissent n'être que des variétés d'anciennes espèces trouvées par moi à Saint-Domingue, retrouvées encore par moi avec quelques modifications aux Guianes française et hollandaise, et enfin retrouvées une troisième fois au Brésil, avec de plus grandes modifications, par M. de Saint-Hilaire; de sorte que sur une étendue de 40 degrés, du nord au sud, la même plante peut varier au point que ses deux extrêmes de variation paraissent deux espèces bien distinctes aux yeux des botanistes. D'ailleurs, s'il n'était pas reçu que notre Morelle noire, *Solanum nigrum*, croît naturellement dans presque toutes les contrées du globe, elle formerait depuis long-temps un grand nombre d'espèces botaniques, tant elle présente de différence, en raison de la diversité des latitudes où on la trouve. Au reste, l'horticulture porte chaque jour des coups de plus en plus puissans à l'échafaudage des espèces et des variétés, et les botanistes en viendront probablement bientôt à ne plus reconnaître que des *différences* dans les végétaux.

se féconder entre elles, mais il soutient que les plantes qui en résultent n'offrent jamais de ressemblance appréciable, ni avec leur père, ni avec leur mère; de sorte qu'il faudrait regarder comme fabuleuse l'origine que Linné donne à la *Datisca cannabina*. D'ailleurs il ne croit pas que l'hybridité soit aussi fréquente qu'on le dit.

M. Van Mons a reconnu et assuré le premier, contre les apparences et contre l'opinion reçue, que les fleurs doubles ne sont pas une variation, mais bien un signe qu'il appelle *faiblesse* (1). Cette assertion, hardie pour l'époque, a été rangée depuis au nombre des vérités, par la preuve acquise qu'il y a moins de matière solide dans tous les pétales surnuméraires d'une fleur double, qu'il y en aurait eu dans les graines, si la fleur n'eût pas doublé.

Mais un point sur lequel on a toujours dû être d'accord avec M. Van Mons, c'est que les variétés de fruits les plus délicates, sont celles qui vivent le moins long-temps, toutes choses étant égales d'ailleurs. Ce que l'on croira aussi facilement, c'est aux expériences qu'il a faites, qu'une greffe prise sur un Pommier greffé sur Paradis, sur un Poirier greffé sur Coignassier, réussit mal placée sur un arbre franc. L'examen démontre, en effet, que si le Paradis et le Coignassier rendent les greffes plus précoces, donnent souvent un plus gros volume au fruit, ils altèrent la vigueur de l'arbre et abrègent sa vie en ne lui fournissant pas assez de nourriture (2), et il est aisé d'en conclure qu'une

---

(1) Le mot faiblesse ne s'applique pas ici à tout l'ensemble de la plante qui porte des fleurs doubles, puisque la vigueur n'exclut pas les fleurs doubles, mais seulement aux graines ou à leurs podospermes, qui ne leur permettraient pas de recevoir autant de nourriture que celles des fleurs simples. Il faut lire, à ce sujet, l'excellent et savant article Fleurs doubles, par M. Féburier, dans le *Nouveau Cours complet d'agriculture*, publié par Déterville.

(2) La théorie de La Hire explique parfaitement ceci, en disant que la petite stature et la nature un peu hétérogène du Paradis et du

greffe prise sur un tel arbre est déjà altérée. C'est pourquoi, non seulement M. Van Mons conseille toujours et partout de greffer sur franc, mais il veut encore que l'on choisisse, parmi les sujets, les individus qui paraissent avoir le plus de rapport pour la vigueur et la physionomie avec la variété que l'on veut greffer dessus, considération fort négligée dans les pépinières marchandes : là, un sujet montrerait-il l'apparence d'un Beurré, d'un d'Aremberg, on le greffe en Blanquet, en Aurate, s'il se trouve dans le rang destiné aux Blanquets ou aux Aurates.

Comme je vais avoir occasion d'employer souvent les mots *dégénérescence* et *détérioration*, ou leurs dérivés, il me semble nécessaire de fixer ici le sens dans lequel je m'en servirai. Dégénérescence, en culture, s'applique aux graines des fruits et des fleurs perfectionnés par la variation. Les graines dégénèrent ou ont dégénéré, quand les plantes qui en proviennent ne présentent plus certaines qualités que nous trouvions dans leurs antécédentes, qualités qu'elles avaient acquises par la variation. Philosophiquement, cette dégénérescence n'en serait pas une, ce seraient, au contraire, une qualité, un retour vers l'état de nature. Civilement, nous dirions qu'un homme dégénérerait, s'il quittait l'état social et les avantages vrais ou faux que nous y trouvons aux dépens de notre liberté, pour aller jouir de son indépendance et de toute sa liberté loin des chaînes sociales, tandis que la philosophie dirait que cet homme reprend ses droits et rentre dans l'état de nature.

Détérioration, en pomologie, s'applique aux arbres fruitiers et à leurs fruits : un arbre se détériore par l'âge, par les maladies, par un mauvais sol, par une mauvaise

---

Coignassier, ne permettent pas à l'arbre greffé dessus d'envoyer assez de racines dans la terre.

culture, une mauvaise exposition, des temps et des saisons contraires, etc. : les fruits se détériorent par les mêmes causes, excepté par la vieillesse de l'arbre qui les porte, laquelle vieillesse, lorsqu'elle n'est pas trop avancée, les rend ordinairement meilleurs.

La dégénérescence des graines d'arbres fruitiers en état de variation, étant le pivot de la théorie Van Mons, il convient de l'exposer clairement.

Tant que les plantes à l'état de nature restent dans leur sol natal, elles portent toute leur vie des graines qui ne dégénèrent pas. Les graines qu'un Baobab donne à l'âge de 2000 ans produisent des arbres semblables à lui-même, aussi bien que les graines qu'il avait produites à l'âge de 20 ans. Les Poiriers sauvages à l'état de nature et dans leur sol natal se reproduisent toujours de graines sans variation sensible. Il n'en est pas de même des plantes nées dans l'état de variation, soit pour avoir changé de climat, de territoire, ou pour une autre cause inconnue. Les graines qu'un Poirier domestique, c'est à dire depuis long-temps en état de variation, donne à sa 100e fructification, produisent des arbres non seulement très différens de lui-même, par la raison qu'il n'est qu'une variété et que l'on ne connaît pas de borne à la variation par descendance de mère en fils, mais encore très différens des arbres qu'ont produits les graines de sa première fructification; et plus un Poirier domestique est vieux, plus les arbres qui proviennent de ses dernières graines se rapprochent de l'état de nature, sans pouvoir cependant y rentrer jamais, assure M. Van Mons.

Maintenant examinons comment se gouvernent les plantes annuelles potagères et d'agrément, depuis long-temps en état de variation. On en sème les graines tous les ans, et quelle que soit la variation que la nouvelle génération subisse, elle conserve les principaux caractères de sa mère, et l'on ne remarque guère d'individus qui aient une tendance bien décidée à retourner vers l'état de nature. Une fois qu'on a obtenu de belles Balsamines, de belles Laitues, on les conserve aisément belles, et leur variation semble assez souvent plutôt une lutte, à qui deviendra plus belle, qu'un penchant à reprendre l'état sauvage de leurs ancêtres.

De ces deux faits extrêmes et d'une infinité d'autres intermédiaires, qu'il serait trop long de rapporter, M. Van Mons est arrivé à cette conclusion, que : puisque les graines de la première fructification d'une plante annuelle en état de variation produisent des plantes qui peuvent varier sans s'éloigner beaucoup de l'état de leur mère; puisqu'au contraire des graines provenues de la 100e fructification d'un Poirier domestique, d'excellente qualité, ou en état de variation depuis long-temps, donnent des arbres très variés entre eux, qui ne ressemblent pas à leur mère et dont les fruits, presque toujours détestables, sont plus ou moins près de l'état sauvage, cette différence doit avoir sa cause dans une modification défavorable, dans une *dégénérescence que subit la graine du Poirier, en raison de l'âge de la variété qui la porte* (1).

(1) On voit ici que M. Van Mons n'attribue la dégénérescence des graines des végétaux en état de variation qu'à l'âge de l'individu qui les produit, et qu'il croit que la dégénérescence est en raison de l'âge de cet individu. Sans nier que l'âge d'un arbre fruitier en état de variation ait une influence plus ou moins grande sur la dégénérescence de ses graines, M. Bonnet, zélé pomologiste à Boulogne-sur-Mer, et M. le comte Murinais d'Auberjon (*), à Paris, pensent que la greffe contribue beaucoup à faire dégénérer les graines des arbres en état de variation, et que plus le sujet est différent du rameau greffé dessus, plus les graines de ce rameau, devenu arbre, dégénèrent promptement. Ainsi, selon eux, les graines d'un Poirier greffé sur Coignassier, sur Sorbier, sur Aubé-

(*) Depuis la rédaction de cet article, une cruelle maladie a enlevé M. le comte Murinais d'Auberjon à sa famille, à ses nombreux amis, à l'horticulture qu'il aimait avec passion, et qu'il encourageait de tous ses moyens.

Parvenu à cette conviction, M. Van Mons s'est dit : en semant les premières graines d'une nouvelle variété d'arbre fruitier, on doit en obtenir des arbres toujours variables dans leurs graines, puisqu'ils ne peuvent plus échapper à cette condition, mais moins disposés à retourner vers l'état sauvage que ceux provenus de graines d'une ancienne variété; et comme ce qui tend vers l'état sauvage a moins de chance de se trouver parfait, selon nos goûts, que ce qui reste dans le plain champ de la variation, c'est dans le semis des premières graines des plus nouvelles variétés d'arbres fruitiers que l'on doit espérer de trouver les fruits les plus parfaits, selon nos goûts.

Toute la théorie de M. Van Mons est dans le paragraphe ci-dessus; elle était formulée dans sa tête, à l'âge de vingt ans; c'était pour la vérifier et la mettre en pratique que, dès cet âge, il rassemblait dans sa pépinière de jeunes sauvageons, de jeunes francs, et qu'il y semait des pepins et des noyaux en quantité, afin d'en voir les premiers fruits et d'en semer les graines de suite pour en obtenir une génération dont il fut sûr de la nouveauté, et la prendre pour point de départ dans ses expériences. Quoique M. Van Mons opérât sur des milliers d'arbres de divers genres et de diverses variétés à la fois, je vais supposer, pour

---

pine, dégénèrent plus promptement que celles d'un Poirier greffé sur franc; et, en général, ils attribuent la dégénérescence des graines de nos arbres fruitiers à la prodigieuse quantité de fois qu'ils ont été greffés. (Voir le mémoire de M. Bonnet dans les *Annales de la Société d'Horticulture de Paris*, vol. IX, page 96, et la lettre de M. le comte Murinais, *même ouvrage*, vol. XI, page 114.) M. Van Mons connaît l'opinion de ces deux auteurs et ne l'adopte pas. — Venable, pomologiste anglais, attribue la dégénérescence des graines des arbres fruitiers à ce que nous en semons les pepins et les noyaux sans la chair du péricarpe qui les entoure. Cette chair, dit-il, est destinée par la nature à nourrir les jeunes plantules au moment de leur germination, et en les en privant, on altère leur constitution. M. Van Mons repousse également l'idée de Venable, et la combat même par des exemples.

plus de clarté, en le suivant dans sa marche, qu'il n'opérait que sur une seule variété de Poirier.

Dès que le jeune Poirier franc, mis en expérience, eut donné son premier fruit, M. Van Mons en sema les graines de suite. Il en résulta une première génération dont les individus, très variés entre eux, ne ressemblaient pas à leur mère (1); il les cultiva avec soin et hâta leur croissance par tous les moyens connus : ces jeunes arbres donnèrent des fruits qui, ainsi que s'y attendait M. Van Mons, se sont trouvés la plupart petits et presque tous mauvais. Il en sema les graines de suite et en obtint une seconde génération non interrompue (ce qui est important), dont les arbres, toujours très variés entre eux et ne ressemblant pas à leur mère, avaient cependant un aspect moins sauvage que les précédens. Il les cultiva également avec soin, et ils fructifièrent plutôt que n'avait fait leur mère. Les fruits de cette seconde génération, aussi variés entre eux que les arbres qui les portaient, parurent en partie moins près de l'état sauvage que les précédens, mais peu d'entre eux avaient les qualités requises pour mériter d'être conservés. Constant dans son plan, M. Van Mons en sema les graines de suite et en obtint une troisième génération continue, dont la plupart des jeunes arbres montraient un *facies* de bon augure, c'est à dire quelque chose de la physionomie de nos bons Poiriers domestiques, ce qui ne les empêchait

---

(1) M. Van Mons a posé en fait que jamais les descendances d'une variété de Poirier produites de graines ne ressemblent à leur mère, et qu'on ne peut pas même reconnaître de quelle mère elles proviennent. Cependant M. Filliette, pépiniériste, à Ruelle, près Paris, assure que quand il sème des pepins de Doyenné, de Beurré, etc., il reconnaît très bien la physionomie du Doyenné, du Beurre, dans une partie au moins du jeune plant qui en provient. Je ne suis pas assez habile pour affirmer ni pour infirmer l'assertion de M. Filliette, mais j'ai cru voir bien distinctement, dans sa pépinière même, que le jeune plant de semis d'une variété a une physionomie que n'a pas le plant de semis d'une autre variété.

pas d'être toujours très variés entre eux. Cultivés et soignés, comme l'avaient été les précédens, ces arbres, de troisième génération, fructifièrent encore plus tôt que n'avaient fait ceux de la seconde génération. Plusieurs donnèrent des fruits mangeables, quoique pas encore décidément très bons, mais suffisamment améliorés pour convaincre M. Van Mons qu'il avait trouvé le véritable chemin de l'amélioration, et qu'il devait continuer de le suivre. Il reconnut aussi avec non moins de satisfaction que plus les générations se succédaient sans interruption de mère en fils, plus elles fructifiaient promptement. Les graines des fruits de bonne apparence de cette troisième génération ont été semées de suite, soignées comme les précédentes, et produisirent une quatrième génération, dont les arbres, un peu moins variés entre eux, montrèrent presque tous une apparence de bon augure : leur fructification se fit attendre encore moins long-temps que celle de la troisième génération ; beaucoup de leurs fruits étaient bons, plusieurs excellens, et un petit nombre encore mauvais. M. Van Mons prit les graines de ces meilleurs fruits, les sema de suite et obtint une cinquième génération, dont les arbres, moins variés entre eux que les précédens, fructifièrent encore plus tôt que ceux de la quatrième, et ne donnèrent plus que de bons et d'excellens fruits (1).

C'est après le résultat de cette cinquième génération de mère en fils, sans interruption, que M. Van Mons a fait connaître le procédé que je viens d'expliquer. Quoique arrivé au terme le plus heureux, terme où tout autre à sa

---

(1) Loin de suivre cette marche, le petit nombre de personnes, en France, qui sèment dans l'espérance d'obtenir quelque bon fruit, arrachent et jettent au feu tout arbre provenu de semis, dont le premier fruit leur semble mauvais; et comme elles n'en trouvent jamais de bon, à moins que la nature ne fasse un miracle, elles ressèment sur de nouveaux frais, avec la même inutilité.

place se serait arrêté, je sais qu'il continue ses expériences et qu'il en est maintenant, 1834, à la huitième génération sans interruption de mère en fils, et que toujours il obtient des fruits de plus en plus parfaits.

M. Van Mons a fait les mêmes expériences sur presque tous les autres genres de fruits. Le Pommier n'a plus donné que de bons fruits à la quatrième génération. Les fruits à noyau, tels que Pêches, Abricots, Prunes, Cerises, ont été encore moins long-temps à se perfectionner; tous n'ont plus donné que de bons et d'excellens fruits à la troisième génération, et cela devait être, car, puisque nos fruits à noyau se reproduisent toujours plus ou moins bons sans procédé particulier, il a dû être moins difficile et moins long de les amener à une amélioration parfaite.

Après avoir exposé d'une manière succincte, mais assez claire, je l'espère, la théorie de M. Van Mons et les moyens qu'il emploie pour la mettre en pratique, afin que les personnes qui voudraient la vérifier ou la pratiquer aussi puissent procéder selon ses principes, il convient que je dise un mot du temps qu'il faut attendre pour obtenir de bons fruits.

La première chose qui a dû préoccuper et même inquiéter M. Van Mons, dans le commencement de ses expériences, était de savoir combien d'années il faudrait pour arriver au résultat qu'il cherchait à obtenir, et, par subdivision, combien de générations seraient nécessaires, et combien chaque génération exigerait d'années pour produire ses premiers fruits. Cette première considération, effrayante pour des hommes ordinaires (1), n'arrêta nulle-

(1) Les hommes, en France, qui sont assez éclairés en pomologie pour n'avoir rien à opposer à la théorie de M. Van Mons, mais qui ne peuvent sortir de leur indolence, se rejettent sur la difficulté, sur l'impossibilité de suivre des expériences pendant le grand nombre d'années qu'exige cette théorie, vu que la vie humaine est trop courte, que d'ailleurs il

ment M. Van Mons. Il mit la main à l'œuvre, et apprit que trois ou quatre générations, sans interruption de mère en fils, et douze ou quinze années consécutives, sont suffisantes pour ne plus obtenir que d'excellens fruits à noyau, tels que Pêches, Abricots, Prunes et Cerises; que, pour ne plus obtenir que d'excellentes Pommes, il faut quatre générations successives, non interrompues de mère en fils, et environ vingt années consécutives. Quant au Poirier, la difficulté s'est trouvée un peu plus grande, mais non insurmontable, comme on va le voir. D'abord M. Van Mons n'avait pu se procurer de graines de variétés très nouvellement procréées; les graines qu'il a été obligé d'employer pour commencer ses expériences provenaient d'anciennes variétés dont l'âge, quoique incertain, était déjà avancé, ce qui, d'après l'expérience, a dû retarder la première fructification de ses jeunes arbres. Néanmoins, M. Van Mons a pu fixer à douze ou quinze années le terme moyen du temps qui s'écoule depuis le moment du semis des graines d'une ancienne variété de Poirier domestique, jusqu'à la première fructification des arbres qui en proviennent. Voilà pour le premier semis.

Les arbres du second semis ou des graines de la première génération ont donné, terme moyen, leurs premiers fruits à l'âge de dix à douze ans; ceux de la troisième génération, à l'âge de huit à dix ans; ceux de la qua-

---

faut s'occuper encore de mille autres choses, et disent que de telles expériences ne pourraient se faire que par des communautés religieuses, par des couvens, s'il en existait encore, ou par des Sociétés bien constituées d'agriculture ou d'horticulture. Tout cela ne manque pas de vérité, et sous ce rapport, il est fort à regretter que la Chartreuse de Paris n'existe plus; mais nos Sociétés d'agriculture et d'horticulture, plus ou moins solidement établies, ne portent guère leur sollicitude vers ces sortes d'expériences. Cependant les résultats de M. Van Mons prouvent qu'il faut beaucoup moins d'années qu'on se l'imagine pour ne plus voir dans nos jardins et nos vergers que des arbres rajeunis et que d'excellens fruits nouveaux.

trième génération, à l'âge de six à huit ans; et enfin ceux de la cinquième génération, à l'âge de cinq six ans. M. Van Mons, étant actuellement à la huitième génération, me mande qu'il obtient plusieurs Poiriers qui fructifient à l'âge de quatre ans (1).

D'après cette progression décroissante, on voit que la crainte d'une longue attente doit décroître aussi à mesure qu'on avance dans l'expérience, et qu'en additionnant les années nécessaires aux cinq premières générations du Poirier, on arrive à ne plus obtenir que de bonnes et d'excellentes Poires, au bout de 42 ans. Mais si l'on fait attention que dans chaque génération il y a toujours plusieurs arbres qui n'attendent pas le terme moyen indiqué pour fructifier, on pourra évaluer à trente-six années le temps nécessaire pour obtenir, dans le genre Poirier, cinq générations non interrompues, de mère en fils, et pour résultat, tous arbres et tous fruits nouveaux d'excellentes qualités. Ce temps pourra même être encore abrégé, car dans l'une de ses dernières lettres, M. Van Mons m'apprend que, dans deux de ses premiers semis de Poiriers, il en est sorti des arbres qui ont fructifié à l'âge de six ans.

J'ai bien recueilli une partie de ce que j'ai déjà dit et de ce que j'ai encore à dire dans les pépinières de M. Van Mons, à Louvain; mais c'est de la correspondance de ce vénéré professeur, que je tire le fond de mon discours; et comme cette correspondance avait pour but ma seule instruction, et non celui de me guider dans une rédaction à laquelle je ne pensais pas, il arrivera que ce que j'ai encore à dire n'aura pas l'enchaînement naturel que j'aurais voulu y mettre, et que ce seront en quelque sorte des pièces détachées.

---

(1) M. Van Mons, en avertissant qu'il y a beaucoup de Poiriers francs de première génération qui fructifient avant l'âge de douze ou quinze ans, dit aussi qu'il y a des retardataires, et que ces derniers donnent souvent les fruits les plus fins.

Quand M. Van Mons a commencé à semer, il avait déjà vu, dans d'autres pépinières, que les graines des variétés du genre Poirier ne reproduisent ni les caractères de l'arbre, ni ceux du fruit d'où elles proviennent : c'est pourquoi il ne s'est pas arrêté, comme on dit, *à semer par espèce* ; mais il a été plus loin et a reconnu par lui-même que les 10 pepins d'une Poire donnent 10 arbres différens et 10 fruits différens. Néanmoins sa manière de semer est à peu près celle de tous les pépiniéristes. Il laisse son semis en place pendant 2 ans : ensuite il lève le jeune plant, met à part le fretin et plante les individus bien venans à une distance telle les uns des autres qu'ils puissent se bien développer et fructifier. Il estime qu'il faut les planter assez rapprochés afin de les forcer à filer, à se former en pyramide sans le secours de la taille : cela hâte, dit-il, leur fructification. J'ai vu des carrés de Poiriers dans sa pépinière de Louvain à l'époque de leur première fructification, et ils m'ont paru être à la distance d'environ 10 pieds les uns des autres. Mais en attendant que de jeunes arbres ainsi plantés fructifient, on est bien aise, en étudiant leur stature, leur physionomie, d'établir des pronostics sur ce qu'ils pourront devenir d'après leurs différens caractères extérieurs. Voici où en est arrivé M. Van Mons à cet égard.

Il a reconnu que ce n'est guère qu'à l'âge de 4 ans, que les jeunes Poiriers se caractérisent, et qu'avant cet âge il est rarement possible de présumer ce que chacun d'eux deviendra. C'est donc dans la deuxième ou troisième année, après que le semis de Poirier a été levé et mis en place, que M. Van Mons commence à l'examiner dans le but d'établir des pronostics sur le mérite de chaque individu. Dans le commencement de ses expériences, il lui était assez facile de reconnaître comme de bon augure les jeunes arbres qui montraient dans leur port, leur bois et leurs feuilles, des rapports avec nos bonnes variétés ancien nes; mais depuis qu'il a obtenu lui-même une grande quantité d'excellens fruits nouveaux, dont les arbres offrent aussi des caractères nouveaux, tantôt analogues et tantôt opposés à ceux de nos bonnes variétés anciennes, il lui est devenu d'autant plus difficile d'établir des données sur ce que deviendront les jeunes plants de ses semis, qu'il a obtenu d'excellens fruits sur des arbres de mauvaise apparence. Néanmoins, à force d'observations, il a pu poser encore les pronostics suivans.

1°. *Pronostics de bon augure.* Beau port, écorce lisse, un peu brillante; distribution des branches régulière, proportionnée à la stature de l'arbre; bourgeons coudés, striés, un peu tors, cassant net sans esquilles; épines longues, garnies d'yeux dans toute ou presque toute leur longueur; yeux bien nourris, non divergens, roux ou gris de lin; feuilles lisses, de moyenne grandeur, plissées aux côtés de la nervure médiane, portées par des pétioles plutôt longs que courts, les plus nouvelles (au printemps) restant long-temps droites contre le bourgeon, les autres, ou les inférieures, étalées, creusées en gouttière par en haut ou par en bas, mais non dans toute leur longueur.

2°. *Pronostics de mauvais augure.* Rameaux et bourgeons confus, poussant en charmille ou en balai; épines courtes, dénuées d'yeux; feuilles s'éloignant du bourgeon dès en naissant, petites, rondes, terminées en pointe courte, creusées en gouttière dans toute leur longueur. Ces caractères dénotent des fruits petits, à chair douce et sèche, ou des fruits à cuire, tardifs.

3°. *Pronostics de prompt rapport.* Bois gros, court; yeux gros, rapprochés.

4°. *Pronostics de fruits tardifs.* Le bois grêle bien distribué, pendant; des bourgeons peu géniculés dénotent ordinairement un fruit tardif, délicieux; des feuilles rondes, à pointe courte, coriaces, d'un vert foncé, portées par des pétioles de moyenne longueur, sont un signe analogue, mais moins sûr.

J'aurais bien désiré que M. Van Mons nous eût indiqué à quel signe on reconnaît qu'un jeune Poirier promet un gros fruit, mais il se tait à cet égard, tandis qu'il donne, pour caractère certain de bon augure, un bourgeon de l'année qui se casse net, sans esquilles.

J'ai dit précédemment que M. Van Mons ne partage pas l'opinion de ceux qui attribuent la détérioration des arbres fruitiers à leur multiplication répétée par la greffe; maintenant je rappelle que M. Knight a écrit que si l'on retrouvait le pied-mère d'une ancienne variété, on la régénérerait en prenant des greffes sur ce pied-mère. Cela exprime assez clairement que M. Knight, le plus savant pomologiste de l'Angleterre, pense que les arbres fruitiers, francs de pied, se détériorent beaucoup moins promptement que ceux multipliés par la greffe, ce qui rentre dans l'opinion de M. de Murinais et de M. Bonnet. M. Van Mons soutient, au contraire, que les arbres francs de pied et les arbres greffés se détériorent de la même manière et avec la même rapidité, en raison seulement de leur âge, que c'est l'âge seul qui fait détériorer nos arbres fruitiers et dégénérer leurs graines. Voici un exemple à l'appui de son assertion. Dans ses courses pomologiques, il a trouvé dans un vieux jardin de capucins le pied-mère de notre Bergamote de la Pentecôte, qui est déjà une Poire assez ancienne, dont tous les arbres greffés sont affectés de chancres dans les terrains un peu humides, et dont les fruits restent petits et se fendent en plein vent, se couvrent de taches noires qui communiquent une saveur amère à la chair, et lesquels fruits enfin ne réussissent plus qu'en espalier, le long d'un mur. Eh bien, le pied-mère de cette Bergamote était infecté de tous les vices qu'on retrouve sur les pieds greffés de la même variété; M. Van Mons en a détaché des drageons enracinés, il en a pris des rameaux qu'il a greffés, et les uns et les autres se sont développés en arbres ni plus ni moins détériorés que ceux de nos jardins multipliés depuis long-temps par la greffe. Alors, ce serait à l'âge seul qu'il faudrait attribuer la détérioration naturelle et graduée de nos variétés d'arbres fruitiers, ainsi que la dégénérescence également graduée de leurs graines : je dis détérioration naturelle et graduée, car M. Van Mons n'ignore pas qu'il y a certains accidens morbifiques qui se communiquent du sujet à la greffe, et de la greffe au sujet.

La question de la détérioration nous conduit naturellement à demander combien d'années peut vivre une variété de Poirier. M. Van Mons estime qu'elle peut vivre de 200 à 300 ans, et que si, à cet âge, elle n'est pas éteinte, son fruit est si détérioré, qu'il ne mérite plus d'être cultivé; en conséquence, il ne croit pas du tout à l'ancienneté des fruits, que l'on dit nous avoir été transmis par les Romains (1).

---

(1) Qu'un individu franc ou greffé de telle ou telle variété de Poirier ne vive que 200 ans ou beaucoup moins, tout le monde en convient; mais on conviendra difficilement que la greffe répétée ne puisse pas faire exister cette variété infiniment plus long-temps. Je ne veux pas dire que nous devons croire, avec La Quintinye, que notre Bon-Chrétien d'hiver est le *Crustimium* ou le *Volemum* des Romains, qu'il faisait leur délice, l'éclat de leurs triomphes, etc.; mais je veux prouver, par La Quintinye lui-même, que la greffe prolonge l'existence des variétés au moins 200 ans sans détérioration sensible, et que, puisqu'une variété transmise de greffe en greffe ne change pas d'une manière appréciable, pendant 200 ans, il n'est pas du tout déraisonnable de penser qu'elle peut exister pendant 1,000 ans, 2,000 ans, au moyen de la greffe. Voici mon argument.

La Quintinye écrivait son livre intitulé : *Instructions pour les jardins fruitiers et potagers*, en 1670. Cet ouvrage contient un assez grand nombre de fruits, dont les noms n'ont pas changé jusqu'à nous; nous les reconnaissons très bien : parmi ces fruits, il y en a dont la description est

M. Knight fait marcher la détérioration encore plus vite, et assigne un terme plus rapproché à l'existence de nos variétés d'arbres fruitiers. Cet auteur assure même qu'il n'y a pas long-temps que nos anciens fruits étaient encore meilleurs qu'aujourd'hui; mais il est permis de douter que M. Knight puisse en fournir la preuve.

Les épines dont sont munis la plupart des jeunes Poiriers francs disparaissent avec l'âge; mais l'arbre peut en reproduire dans un âge avancé s'il se développe un gourmand sur sa tige, ou si sa vigueur vient à être augmentée. C'est ainsi que j'ai vu chez M. Van Mons des Poiriers redevenus épineux après avoir cessé de l'être. A Paris, il suffit de rabattre un gros Oranger sans épines pour le voir pousser de nouvelles branches épineuses.

Il y a des francs d'anciennes variétés de Poirier qui ont le pouvoir de faire grossir outre mesure (doubler, dit M. Van Mons) les fruits que l'on greffe dessus. C'est une faculté que n'ont pas les francs de nouvelles variétés, et que M. Van Mons ne peut expliquer. On voit en effet chez nous des arbres qui donnent constamment des fruits plus gros que d'autres de la même variété, toutes choses étant égales d'ailleurs. Une observation inverse qui se présente souvent chez les fleuristes de Paris, c'est qu'il y a des sujets de Citronniers, dont la tige devient subéreuse et fait mourir la greffe d'Oranger qu'elle porte en 4 ou 5 ans.

---

si courte, qu'elle ne prouve rien; mais il y en a aussi qui sont décrits avec tant de soin et tant d'exactitude, qu'il serait difficile de faire mieux aujourd'hui. Quand, en 1834, j'ai un de ces fruits dans une main et la description de La Quintinye ou de Merlet, son contemporain, dans l'autre, je ne trouve absolument rien à ajouter, rien à supprimer : la qualité de la chair, de l'eau, l'époque de la maturité, les soins particuliers de culture sont aussi exactement indiqués que la forme, la couleur et la grosseur du fruit. Donc ce fruit n'a pas varié, ne s'est pas détérioré d'une manière appréciable, depuis l'année 1670, quoique perpétué de greffe en greffe, jusqu'à nous; donc la greffe peut prolonger l'existence d'une variété pendant un nombre de siècles assez grand que l'état de nos connaissances ne nous donne pas le moyen de fixer.

Quand de jeunes Poiriers, procréés de mère en fils par des générations non interrompues, commencent à rapporter des fruits mangeables, ce sont en grande partie des fruits d'été. Il faut que les générations non interrompues soient plus nombreuses pour obtenir davantage des fruits d'hiver ou de longue garde.

A mesure que les générations se multiplient sans interruption de mère en fils, les grandes différences que l'on remarquait d'abord entre les arbres et entre leurs fruits diminuent dans une progression inverse : on ne voit plus de ports étranges, tous ont un air de civilisation, et leurs fruits ne s'éloignent plus du bon. Dans le dernier envoi que m'a fait M. Van Mons, une assez grande partie des Poires se rangeaient naturellement entre notre Beurré et notre Doyenné pour la forme, le volume et la qualité, et tous ces fruits, au nombre de 60 variétés, étaient les prémices d'une sixième génération sans interruption de mère en fils.

M. Van Mons remarque que parmi les nouvelles Poires qu'il obtient, il en est qui sont plusieurs années à se déterminer à prendre une forme fixe ; qu'il y en a qui ne la prennent qu'après 12 ou 15 ans, et qu'il y en a aussi qui ne la prennent jamais. Nos anciennes variétés ont été sans doute dans le même cas, et il donne, pour exemple de Poires qui n'ont jamais pris une forme fixe, notre Bon-Chrétien d'hiver, ce qui n'empèche pas que ce soit l'une des Poires les plus aisées à reconnaître, malgré la variation de sa forme et de sa grosseur.

Une règle que M. Van Mons regarde comme invariable, c'est qu'une greffe ne fleurit pas plus tôt que le jeune pied-mère sur lequel on l'a prise. Cependant l'opinion contraire existe toujours parmi les pépiniéristes ; ils greffent souvent des rameaux de jeunes individus dans l'espoir de hâter la floraison, et ils réussissent quelquefois ; mais, dans ce cas, on peut leur dire que le rameau greffé était prédisposé à fleurir, et qu'il aurait également fleuri s'il fût resté sur sa mère. Il en est de même à l'égard des boutures. Le premier *Astrapœa pendula* qui fleurit en France était une bouture prise sur un pied au Jardin des Plantes, lequel pied n'a commencé lui-même à fleurir que plusieurs années après. Au reste, il y a tant de cas accidentels qui avancent ou retardent la floraison des greffes et de leur mère, qu'il est difficile d'assurer qu'elles doivent fleurir simultanément ou l'une après l'autre, tandis que des preuves nombreuses attestent que la multiplication répétée par boutures accélère la floraison et diminue le volume dans un grand nombre d'espèces.

M. Van Mons a reconnu qu'il est avantageux de cueillir un peu verts les fruits dont on veut semer les graines, et de les laisser se fondre dans leur suc, avant d'en extraire les pepins ou les noyaux. Il admet, avec M. Knight, que les variétés du genre Pommier se détériorent moins vite et vivent plus long-temps que celles du genre Poirier. Ceci ne peut soulever aucun doute, lorsque l'on compare la facilité d'établir le Pommier dans presque toute sorte de terres, avec la difficulté d'en trouver une bien convenable au Poirier.

Ce savant professeur préfère de beaucoup l'Épine blanche, *Mespilus oxyacantha,* au Coignassier, comme sujet propre à recevoir la greffe de nos anciennes variétés de Poires. Les Poiriers greffés sur Épine, dit-il, s'élèvent plus haut, forment mieux la pyramide et portent leurs fruits plus près du tronc. Je partage entièrement l'opinion de M. Van Mons, d'abord parce que le Poirier prend parfaitement sur l'Épine, qui est un arbre indigène, rustique, pas difficile sur le terrain, et d'une multiplication facile par graines; ensuite, parce que l'on commence à se plaindre du Coignassier, soit à cause que ses trois variétés donnent des résultats différens, soit qu'il soit détérioré par sa longue multiplication de marcottes ou de boutures, soit enfin parce qu'il ne réussit pas dans toutes les terres. Quant au choix de sa meilleure variété, une erreur, commise à cet égard dans la pépinière du Luxembourg, a excité beaucoup de plaintes de la part des personnes qui ont obtenu des Poiriers de cet établissement, ce qui a donné lieu de constater pour la millième fois que le Coignassier à fruit maliforme est moins bon pour faire des sujets que le Coignassier à fruit pyriforme. Quant à la supériorité de l'Épine blanche sur le Coignassier, c'est une question qui sera bientôt résolue parmi nous; car, quand la Société d'Horticulture de Paris a reçu la collection de greffes de Poiriers qui lui a été expédiée par M. Van Mons, au printemps de 1834, elle n'avait pas assez de Coignassiers à sa disposition pour les placer toutes, et M. le comte de Murinais en a fait poser une partie sur Épine; elles y ont parfaitement pris, ont fait des pousses admirables et donnent les plus belles espérances (1).

---

(1) Voici une remarque fort importante, que M. Van Mons m'a communiquée trop tardivement pour que j'aie pu la faire entrer dans le corps de ma notice.

Les variétés nouvelles de Poirier, que M. Van Mons obtient, deviennent malades à leur premier rapport, si on les greffe sur Coignassier, soit qu'on les taille, soit qu'on ne les taille pas; et la maladie est telle qu'il faut les supprimer immédiatement; leur fruit, de premier rapport, se montre avec tous les vices de la variété la plus ancienne; diminution de volume, perte du fondant, augmentation du rocher, gerçures; les feuilles prennent la jaunisse, et déjà, avant la fin de la saison, les chancres envahissent le bout des branches, et, l'année suivante, des escarres gangreneux assiègent la tige. Jusqu'à l'époque du premier rapport, ces variétés, greffées sur Coignassier, conservent une très belle apparence, font des pousses vigoureuses, jouissent de la plus belle santé, et à la fin de leur deuxième pousse, elles sont assez faites pour valoir, en apparence, 3 fr. M. Van Mons, croyant avec raison que les graines de ces fruits détériorés le sont aussi, se garde bien d'en semer.

Les nouvelles variétés de Pommier greffées sur Paradis, restent saines et laissent leur sujet sain, soit qu'on les taille ou qu'on ne les taille pas.

Les Poiriers, dont il est ici question, ont été greffés en écusson sur Coignassier, et les Pommiers l'ont été en fente sur Paradis.

La physiologie et l'hygiène des végétaux sont si peu avancées parmi

D'après les données de M. Van Mons, nous pourrions être amenés à penser que les Poires qui ne réussissent chez nous qu'à la faveur de l'espalier contre un mur, n'ont pas toujours exigé cette position favorable, qu'elles ne la réclament aujourd'hui qu'à cause de la faiblesse de leur grand âge, de la détérioration qu'elles subissent, de la décrépitude qui les menace, et qu'enfin il arrivera un temps où, malgré nos soins, elles ne seront plus bonnes même en espalier, seront abandonnées et s'éteindront. Pour rendre toute la pensée de cet habile pomologiste à ce sujet, j'ajouterai que, quand une variété est affaiblie par l'âge, que son tempérament est usé, il faut la greffer sur Coignassier pour qu'elle ne reçoive qu'une nourriture modérée, et ne jamais la mettre sur franc, où la trop grande nourriture hâterait sa ruine.

M. Van Mons a remarqué que les nouvelles variétés de Poiriers qu'il obtient de ses semis répétés de génération en génération sans interruption de mère en fils, ne possèdent pas la rusticité, la longévité des anciennes variétés, et que celles dont le fruit est le plus fin sont aussi celles qui paraissent devoir vivre le moins long-temps. Tout cela est conforme à la marche de la nature, et il faut nous y sou-

---

nous, qu'il est difficile de dire pourquoi une variété de Poirier renouvelée six ou huit fois par six ou huit générations sans interruption, ne réussit pas sur Coignassier, comme une vieille variété qui n'a pas éprouvé de renouvellement par des générations non interrompues : cependant, en attendant que les savans résolvent la difficulté, j'avancerai une hypothèse, en disant que : une variété renouvelée sept ou huit fois par des générations non interrompues, pourrait bien être affinée, perfectionnée ou rendue délicate, au point que la sève, qui a traversé les tissus d'un Coignassier, ne convînt plus à ses fruits; et que les principes des vices qui se manifestent alors dans ses fruits, pourraient bien, en vertu de la tendance des fluides à se mettre en équilibre, ou du cours naturel de la sève, être portés ensuite jusque dans les branches et les feuilles. Cette hypothèse ne paraîtra pas dépourvue de vraisemblance, si on la compare à certaines maladies vicieuses, dont l'espèce humaine est affligée.

mettre. Au reste, la théorie de M. Van Mons donne l'explication de ce fait. Quand il n'y a pas d'interruption entre les générations de nos variétés d'arbres fruitiers, la nature ne peut reprendre ses droits; elle n'a pas le temps de modifier les graines à sa façon, de leur faire reprendre une partie de leur ancien caractère sauvage; mais si on laissait un espace de 50 ans entre deux générations, les individus de la seconde porteraient les marques de la rusticité, de la tendance à l'état sauvage que la nature aurait développées dans les graines de leur mère, pendant ces 50 ans. C'est, en effet, ce qui arrive lorsque l'on sème les graines d'une vieille variété d'arbre fruitier.

Jusqu'ici je me suis borné à tâcher de rendre la pensée de M. Van Mons sans l'altérer, et à y joindre ou mes réflexions, ou quelques opinions contraires tant bien que mal établies; mais il est temps enfin que je le laisse parler un peu lui-même, et exprimer dans son style de conviction sa manière de voir sur la marche de la détérioration et de la décrépitude de nos variétés d'arbres fruitiers.

« . . . . . . Je remarque, dit-il, que les plus jeunes » variétés, les plus fines surtout, résistent moins aux ra- » vages de la vieillesse, sont plus tôt vieilles que les variétés » dont la naissance a précédé la leur : elles ne peuvent at- » teindre au delà d'un demi-siècle, sans que des symptômes » de décrépitude s'y manifestent. Le premier de ces symp- » tômes est de rapporter moins constamment et de se mettre » plus tard à fruit. La souffrance du bois, la perte des belles » formes de l'arbre, l'altération des fruits surviennent » beaucoup plus tard. Les variétés qui n'ont qu'un demi- » siècle d'existence ne connaissent pas encore le chancre » des bouts des branches, ni les escarres de la tige ; les » fruits ne se gercent pas encore, ne se remplissent pas de » carrière, ne coulent pas à la *nouure*, ne sont pas encore » insipides et secs ; les alternats ne sont encore que d'un » an : on peut encore greffer ces variétés sans que leurs

» infirmités augmentent. Il faut un demi-siècle de plus » pour que le comble soit mis à leurs souffrances, et que la » suppression générale de la variété soit le seul remède à » apporter à ses maux. Il est pénible de penser que bientôt » le Saint-Germain, le Beurré gris, la Crassane, le Col- » mar, le Doyenné, devront subir cette suppression. Au- » cune de ces dernières variétés ne réussit plus chez nous » (en Belgique) que sur Épine blanche et en espalier; » mais ce succès est aux dépens de leurs louables qualités. » Dans ma jeunesse, au jardin de mon père, ces variétés » formaient encore des arbres superbes, d'une belle santé, » et rarement leurs fruits avaient des vices. *O quantùm* » *distans ab illis!* Quelle déchéance au bout d'un temps si » court, dans l'espace de 60 ans! Je le répète, l'avantage » de la variation jeune est d'être sans vice aucun. »

Je demande à M. Van Mons la permission de douter un peu d'une si effrayante rapidité dans l'affaiblissement de nos variétes de Poiriers. Je sais bien que presque toutes celles que je connais depuis une cinquantaine d'années sont atteintes de différentes maladies; qu'en parcourant les pépinières, on voit des arbres de 4 à 5 ans de greffe dont l'écorce de la tige a de nombreuses escarres, dont les branches ont des chancres, dont l'extrémité des jeunes pousses est noir et perd ses feuilles avant l'époque naturelle, tous vices que M. le comte Lelieur place au nombre des maladies incurables; mais ce même auteur, quoique très difficile à contenter, a cependant trouvé par-ci par-là des arbres sur lesquels il ne remarquait pas de maladie, et qu'il permettait aux jardiniers de l'empereur d'introduire dans les jardins de la Couronne. Je suis bien persuadé que nos variétés d'arbres fruitiers, vu leur origine, ne peuvent pas avoir la ténacité, la vie indéfinie des espèces naturelles; mais je crois aussi qu'il y a des vices, des maladies individuels dont toute la variété n'est pas également atteinte; que la variété que nous appelons, par exemple,

Beurré gris, sera dans la décrépitude, s'éteindra dans un endroit, tandis qu'elle persistera encore dans un autre; M. Van Mons lui-même l'affirme, en disant qu'en Belgique il y a des variétés qui ne réussissent plus qu'en espalier, le long d'un mur; enfin je pense que, si on avait toujours pris des greffes sur les individus les plus sains pour perpétuer les variétés, nous ne verrions pas tant d'arbres fruitiers affectés de maladies qui abrègent leur existence et contribuent aussi, par la même raison, à raccourcir celle de la variété tout entière. Si donc, dès aujourd'hui, on se faisait une loi de ne jamais prendre de greffes que sur de jeunes variétés bien saines, qu'on ne les insérât que sur des sujets francs bien sains, on conserverait les variétés saines pendant bien plus long-temps qu'on ne l'a fait jusqu'à présent.

Néanmoins, que la détérioration de nos arbres fruitiers soit naturellement lente, comme je le pense, qu'elle soit rapide, comme le disent M. Van Mons et M. Knight, elle n'en est pas moins certaine, et il est toujours utile de penser au moyen de les remplacer. Notre manière de semer et de nous en rapporter au hasard, pour obtenir un bon fruit nouveau, n'est certainement pas le meilleur, l'expérience l'a assez prouvé. D'ailleurs, le hasard ne peut mériter la confiance d'aucun homme raisonnable, surtout quand les probabilités lui sont contraires. Il faut donc avoir recours à la science, qui se compose de raisonnemens déduits de faits particuliers, et d'où découle ce que l'on appelle un principe; et quand ce principe s'accorde avec la marche de la nature, qu'il ne heurte aucun fait connu, il me semble qu'on doit l'adopter comme une vérité et s'en servir avec confiance.

Telle est, à mes yeux, la théorie de M. Van Mons, considérée comme le meilleur et le plus prompt moyen de régénérer nos arbres fruitiers, c'est à dire de remplacer les anciennes variétés détériorées par de nouvelles variétés bien

3

saines et portant d'excellens fruits. J'ai exposé, aussi clairement qu'il m'a été possible, les procédés à employer pour la mettre en pratique, pour déterminer les amis de notre pays à la naturaliser chez nous ; et, afin d'inspirer plus de confiance, j'ai osé dire un mot du mérite transcendant de son auteur, ce de quoi je demande mille pardons à sa modestie.

J'aurais pu ajouter à ce corollaire encore beaucoup de remarques sur les arbres fruitiers et leur culture faites par M. Van Mons, car sa correspondance est très riche d'observations ; mais je crois en avoir dit assez pour appuyer la théorie de ce savant professeur. Je vais achever ma notice en fixant l'époque de la translation de sa pépinière de Bruxelles à Louvain, en donnant une idée des obstacles incroyables qu'il a rencontrés dans sa carrière pomologique à la place des encouragemens qui lui étaient dus, et terminerai par la description de quelques uns des excellens fruits obtenus par M. Van Mons, et qui ne sont encore que peu ou point connus en France.

Après que M. Van Mons eut professé la physique et la chimie avec distinction, pendant sept ans, à l'école centrale du département de la Dyle, et après que les hasards de la guerre eurent séparé la Belgique de la France, le roi Guillaume, rendant justice à son mérite, le nomma professeur aux mêmes titres à l'Université de Louvain, en 1817, six mois même avant que cette ancienne Université fût reconstituée. Louvain n'étant éloigné de Bruxelles que d'environ 6 lieues, M. Van Mons pouvait en même temps remplir ses devoirs de professeur, soigner sa pépinière et suivre ses expériences : il était alors à l'apogée de sa carrière pomologique ; il comptait, dans sa *Pépinière de la Fidélité*, plus de 80,000 arbres, la majeure partie en Poiriers provenus de ses semis ; plusieurs carrés en étaient à leurs 4e, 5e et 6e générations sans interruption de mère en fils, et produisaient des fruits délicieux. Déjà, depuis plusieurs années, il expédiait des greffes en Allemagne, en Angleterre, aux États-Unis d'Amérique; et cependant, si on en excepte son ami Bosc, M. Vilmorin, M. Léon Leclerc, M. Bonnet, à peine savait-on en France que M. Van Mons existait, tant la routine et l'apathie ont d'empire parmi nous. Les catalogues anglais et américains sont remplis de fruits de M. Van Mons, et ce n'est qu'en 1834 qu'on en trouve quelques uns relatés dans la nouvelle édition du *Jardin fruitier* de M. Noisette.

Pour juger ses fruits nouveaux, M. Van Mons rassemblait trois ou quatre amis d'un goût délicat; on dégustait les fruits, on écrivait à mesure les qualités qu'on leur trouvait, et M. Van Mons ne conservait les arbres que de ceux qui étaient jugés bons et très bons : les mêmes épreuves se répétaient deux, trois et même quatre années de suite, et ce n'était guère qu'après ces épreuves répétées qu'il se décidait à en répandre des greffes.

A ce sujet, je dois consigner ici deux remarques pour dissiper le doute que quelques personnes conservent encore sur les soins que prenait M. Van Mons pour ne propager que d'excellens fruits. D'abord, je rappellerai que toutes les années ne sont pas favorables au parfait développement des bonnes qualités des fruits, et que si l'on déguste pour la première fois, dans une année défavorable, un fruit ordinairement délicieux, on peut le trouver d'une qualité inférieure. C'est ainsi qu'en 1833 je n'ai pu trouver dans plusieurs échantillons de la *Poire Poiteau* les excellentes qualités que M. Van Mons lui avait reconnues pendant quatre années de suite, et qui avaient déterminé l'amitié dont ce savant m'honore à y attacher mon nom. En second lieu, il était impossible à M. Van Mons de cueillir toujours lui-même les greffes, il avait trop d'occupations, ce qui explique comment il a pu arriver qu'on reçut une variété médiocre à la place d'une variété très à propager. C'est évidemment par une erreur de ce genre que M. Vilmorin a reçu, sous le nom de Beurré Fourcroy, un Poirier d'un rapport très tardif, et dont le fruit n'a aucun mérite; car M. Van Mons avait dégusté le Beurré Fourcroy plusieurs années de suite, et l'avait trouvé digne d'être dédié au savant chimiste, qui en avait accepté la dédicace peu de temps avant de mourir.

M. Van Mons jouissait pleinement du résultat de ses longues expériences; il était heureux en répandant avec empressement, avec désintéressement et avec la plus grande complaisance des fruits nouveaux, la plupart supérieurs à ceux que nous connaissions, quand, en 1819, *ex abrupto*, le terrain qui contenait la pépinière de la Fidélité fut jugé indispensable à être distribué en rues et partagé en lots à bâtir, et M. Van Mons fut sommé de le vider dans le bref délai de deux mois, sous peine de voir tous ses arbres coupés et jetés au feu. Une telle injonction aurait été mortelle pour plusieurs à la place de M. Van Mons; il en fut vivement affecté, mais non abattu; son grand caractère, sa profonde connaissance des hommes lui firent surmonter ce revers, et le disposèrent à chercher paisiblement à s'établir ailleurs. Professeur à l'Université de Louvain, il résolut de transporter sa pépinière dans cette ville, afin de l'avoir sous les yeux sans quitter l'Université; mais l'époque assignée pour vider le lieu était malheureusement celle du fort de l'hiver (1er novembre au 24 décembre); M. Van Mons n'avait de disponibles qu'une partie du samedi et le dimanche de chaque semaine pour se rendre à Bruxelles. Cueillir des greffes, marquer les arbres les plus précieux et donner des ordres pour le reste fut tout ce qu'il put faire lui-même : il aurait fallu un second jardin aussi immense que celui qu'il évacuait pour qu'une telle translation pût s'effectuer sans de grandes pertes; aussi en éprouva-t-il d'irréparables dans la nécessité où il se trouva de confier presque toute cette translation à des mains peu habiles, à des intelligences incapables de comprendre le grand intérêt qu'il mettait à la conservation de ses arbres. Il put à peine sauver le vingtième de ce qu'il possédait, et encore ce vingtième consistait en bourgeons à greffer. Le restant fut vendu ou donné à qui en voulait. Après une telle catastrophe, M. Van Mons aurait dû prendre des mesures pour n'être plus jamais exposé à en subir de la même nature; mais, incapable de méfiance, il loua, à Louvain, un terrain appartenant malheureusement à la ville, pour y déposer les débris de sa pépinière de Bruxelles, et y continuer ses semis et ses expériences. Sa pépinière alors cessa d'être de vente; elle ne fut plus que d'expériences.

Si on excepte une crue d'eau considérable de la rivière qui traverse Louvain, dans le dégel de 1820, et qui, après s'être répandue de l'épaisseur de 7 et 8 pieds dans la pépinière de M. Van Mons, y a charroyé, pendant plusieurs jours, des glaçons qui renversèrent et entraînèrent une grande quantité d'arbres nouvellement plantés; si, dis-je, on excepte cette débâcle, M. Van Mons a joui plus ou moins paisiblement de sa nouvelle position pendant 13 années consécutives. Ses nombreuses relations se sont renouées et multipliées, ses pertes ont été remplacées par de nouvelles acquisitions, la masse de ses observations s'est augmentée, et il a continué d'introduire dans sa pépinière les bons fruits nouveaux obtenus par d'autres amateurs, tels que MM. de Coloma, Capiaumont, d'Hardenpont, l'abbé Duquesne, Gossart, Wizthumb, Delneufcourt, Diel, Liart, Knight et cent autres, et il distribuait des greffes de ces bons fruits simultanément avec celles des siens, car son seul but a toujours été de multiplier ce qui est bon et d'en faire jouir tout le monde. Mais il ne sacrifiait jamais aucun arbre provenu de ses semis pour recevoir les greffes qui lui étaient envoyées de tous côtés, même de l'Amérique septentrionale, avant que son fruit eût été jugé : c'est pourquoi il achetait, chaque année, des sujets pour recevoir les greffes qui lui étaient envoyées, et pour conserver ses propres variétés, afin de les répandre avec plus d'abondance. A cet effet, il avait adopté, dans sa pépinière de Bruxelles, une sorte de greffe qu'il appelle *greffe par copulation*, et il continue de l'employer à Louvain avec un grand succès : j'en donnerai la figure et la description à la fin de cet article.

Jusqu'en 1823, M. Van Mons n'avait distribué ses arbres et ses greffes qu'avec des n^{os} correspondant exactement à de pareils n^{os} attachés aux pieds-mères dans sa pépinière : cela lui suffisait pour être en état de répondre à toutes les observations qui auraient pu lui être adressées par les personnes auxquelles il avait envoyé des greffes. A cette époque, une blessure grave l'ayant retenu au lit, il rédigea, d'après tous ses registres, et publia un catalogue dans lequel on trouve environ 2,000 variétés de fruits, et où il mit les noms de ces variétés à la suite des n^{os} sous lesquels il les avait distribuées jusqu'alors, fit connaître le principe de sa théorie, rappela plusieurs de ses procédés de culture, et sa manière de faire ses expéditions : on y trouve même quelques mots sur la nécessité où il s'était trouvé de quitter sa pépinière de Bruxelles. Il y a plusieurs choses à remarquer dans ce catalogue : 1° des interruptions dans les séries de n^{os} : par exemple, dans la seconde série, on trouve le n° 850 immédiatement après le n° 840 ; cela indique que les neuf n^{os} intermédiaires étaient attachés à neuf arbres de bon augure, mais dont les fruits n'avaient pas encore été jugés ; 2° les noms suivis *par nous* indiquent naturellement que les variétés désignées sous ces noms ont été gagnées de semis par M. Van Mons ; 3° quand un nom est suivi *par son patron*, cela indique que le nom de la variété est celui de la personne qui l'a gagnée de semis. Mais une chose bien importante, à laquelle M. Van Mons n'a pas pensé, une chose qui serait bien utile à l'histoire des arbres fruitiers, surtout pour constater la marche et les progrès de leur détérioration, c'était de fixer l'année de la naissance de chacune des nouvelles variétés désignées dans son catalogue. M. Van Mons était seul capable de le faire : quand je lui en ai parlé, il m'a répondu que son intention n'avait pas été de faire de la science, mais bien une chose immédiatement utile en répandant de bons fruits ; cependant il regrette d'avoir laissé cette lacune que ses notes ne lui permettent plus de combler entièrement.

Comme je l'ai dit plus haut, M. Van Mons jouissait de ses 50 années d'expériences en nous enrichissant de bons et d'excellens fruits ; mais l'utilité publique avait juré qu'elle empoisonnerait enfin ses vieux jours. En 1831, nous allâmes faire le siége de la citadelle d'Anvers ; et, quoique la pépinière de M. Van Mons fût éloignée de 14 lieues de l'armée, les ingénieurs n'ont pu trouver un endroit plus commode que cette pépinière pour cuire le pain de nos soldats. En conséquence, une grande partie des arbres de M. Van Mons fut détruite ; on construisit à leur place des fours pour nourrir nos soldats, et les fruits du reste, furent exposés au gaspillage des allans et des venans. La philosophie de M. Van Mons le soutint encore dans cette dévastation inattendue : il loua deux nouveaux terrains plus grands l'un que l'autre, pour repiquer ses jeunes plants de 7e, 8e et 9e générations sans interruption de mère en fils ; il se consolait même, parce qu'il avait eu le temps de cueillir, quoiqu'en été, des greffes sur les arbres sacrifiés pour faire place à la construction des fours ; mais l'utilité publique n'avait pas encore épuisé toutes ses rigueurs contre lui. Il n'y avait malheureusement pas de Chaptal dans le conseil du prince, et les ingénieurs, n'y voyant goutte, décidèrent encore, en 1834, au nom de l'utilité publique, que la pépinière de M. Van Mons, fût-elle aux Antipodes, était le seul et unique point du globe propre à l'établissement d'une fabrique de gaz d'éclairage. Fasse le ciel que ces messieurs y voient plus clair par la suite ; mais il ne sera plus en leur pouvoir d'empêcher que les véritables amis des lumières et de la prospérité publique ne regardent leur décision comme un acte d'ignorance et du plus grossier vandalisme.

M. Van Mons a actuellement 70 ans ; il a consacré tout son temps, toute sa vie, une partie de sa fortune à l'utilité publique, et c'est au nom de l'utilité publique qu'on le tue, qu'on l'assassine ! O siècle de lumières, combien tu es nébuleux !!!.....

Au commencement de septembre 1834, M. Van Mons, en m'envoyant une caisse de Poires qui étaient les prémices d'une 7e génération, me disait : Quand vous dégusterez ces Poires, les arbres qui les ont portées n'existeront plus. En effet, peu de jours après, j'ai su que la hache destructive abattait ces arbres et beaucoup d'autres, que la pépinière était déshonorée, perdue, et M. Van Mons frustré dans ses plus chères espérances, qui étaient de nous envoyer ses fruits.

Ne pouvant prévoir, ou plutôt n'osant exprimer mes craintes sur ce que vont devenir les débris d'un établissement qui méritait des encouragemens, qui était de nature à rehausser la gloire d'un royaume (1), je cesse d'en parler, et vais relater ici l'abrégé d'un certain nombre de descriptions de Poires nouvelles que M. Van Mons m'avait envoyées en 1833 et 1834. Ces Poires seront probablement bientôt dans le commerce, puisqu'à ma demande M. Van Mons en a envoyé des greffes à mon ami M. Noisette et à la Société d'Horticulture de Paris, et que très peu ont manqué à la reprise.

---

(1) Je viens d'apprendre que l'injonction est faite à M. Van Mon d'évacuer, avant la fin de février, la totalité du terrain.

Description abrégée d'une partie des Poires que M. Van Mons *m'a envoyées en différentes fois, dans le courant de 1833 et de 1834, et dont les greffes existent actuellement dans la pépinière de* M. Noisette *et dans celle de la Société d'Horticulture de Paris.*

Nota. Une assez grande partie des quatre cents variétés de Poires que M. Van Mons m'a envoyées étant nouvelles, elles n'avaient pas encore reçu de noms; elles étaient désignées ou par des n^{os} ou par des signes particuliers; mais M. Van Mons m'autorisait à les nommer, en leur conservant toutefois les signes et n^{os} qu'il leur avait attachés, afin qu'il pût les reconnaître et les enregistrer sous les noms que je leur donnerais en les décrivant. C'est donc un devoir de ma part de conserver ici ces signes et ces n^{os}; j'ai, de plus, ajouté un P. à celles nommées par moi, et V. M. à celles nommées par M. Van Mons. Quant aux noms imposés par moi à celles qui n'en avaient pas, je n'en ai pas cherché en dehors de la sphère du jardinage; j'y ai trouvé assez d'habiles cultivateurs, assez d'habiles pépiniéristes dont les noms conviennent mieux à nos fruits que ceux des célébrités dédaigneuses ou des puissants du jour, auxquels les descripteurs de Roses et de Dahlias s'empressent de dédier leurs fleurs. Je dois avertir encore que j'ai décrit et dessiné tous ces fruits à mesure qu'ils mûrissaient, que je les donne ici à peu près dans le même ordre, et que je conserve les descriptions et les dessins en cas que quelqu'un désire les consulter.

N° 1. *Doyenné d'été*, V. M. L'arbre qui porte ce fruit ne ressemble pas à nos Doyennés; il doit son nom à la forme de son fruit, qui est turbiné, haut de 2 pouces, muni d'une queue grosse, charnue et très courte, et dont l'œil, petit, presqu'à fleur, a les divisions calicinales conniventes; sa peau est d'un jaune clair, luisante, marquée de très petits points roux dans l'ombre, et souvent lavée et fouettée de rouge faible du côté du soleil; la chair est blanche, fondante, et l'eau très abondante, sucrée, légèrement acidulée, très bonne; les loges sont petites, les pepins également petits, noirs et allongés.

Mûrit fin de juillet et commencement d'août. C'est la meilleure Poire de la saison : elle est en France depuis plusieurs années, quoique inconnue à Paris, car je l'ai reçue aussi de Nantes sous le même nom; on la trouvera dorénavant chez M. Noisette.

N° 2. *Sur-reine*, V. M. Gain de 1828. Fruit ovale ventru ou turbiné, haut de 2 pouces et demi et d'un diamètre quelquefois plus grand; queue longue d'un pouce, mamelonnée à son insertion sur la Poire; œil placé dans un léger enfoncement régulier; peau ponctuée de roux et devenant d'un jaune clair à la maturité; chair blanche, fine, fondante; eau assez abondante, sucrée, bonne; loges petites; pepins maigres.

Cette Poire mûrit dans le commencement de septembre : si on en juge d'après le nom que lui a donné M. Van Mons, elle doit être ordinairement plus que bonne.

N° 3. *Van Donckelaar*, P. (*Marie-Louise nova*, V. M.) Gain de 1821 ou 1822. Je prends la liberté de changer le nom imposé à cette Poire par M. Van Mons pour lui donner le nom de M. Van Donckelaar, très habile jardinier du jardin botanique de Louvain, parce qu'il y a une autre Marie-Louise plus ancienne que je décrirai tout à l'heure. La Poire que je dédie à M. Donckelaar est haute de 3 pouces, figurée en cône obtus, renflé à la base; sa peau, piquetée et tavelée de roux, et rougissant légèrement du côté du soleil, passe du vert clair au vert jaune dans la maturité; la chair est blanche, demi-fine, fondante, quoique la roche soit assez considérable; son eau est abondante, relevée, sucrée; les loges sont courtes, les pepins également courts et d'un fauve foncé. Cette très bonne Poire mûrit dans la première quinzaine de septembre. M. Van Mons m'apprend trop tard qu'il a dédié aussi une autre Poire à M. Van Donckelaar.

N° 4. *Beurré Witzhumb*, V. M. Gain de 1811. Très belle Poire, oblongue, obtuse, haute de 3 pouces et demi sur près de 3 pouces de diamètre à l'endroit du ventre; son œil est de moyenne grandeur, un peu enfoncé, à divisions courtes, droites et charnues à la base; la peau, pointillée de roux, prend aussi des taches de cette couleur, et devient d'un beau jaune en mûrissant. La chair est très blanche, passant vite apparemment comme notre Doyenné, car je n'ai pu la saisir à point pour la bien juger; mais, d'après le nom du célèbre amateur que M. Van Mons lui a donné, on doit croire qu'elle est naturellement très bonne : c'est, d'ailleurs, une Poire magnifique, qui mûrit dans la première quinzaine de septembre.

N° 5. *Malicieuse*, P. (541. V. M.) Gain de 1827. Fruit turbiné, ventru, haut de 2 pouces et demi sur autant en diamètre; queue grosse et courte; peau tavelée de roux, sur un fond jaune et rougissant un peu du côté du soleil; chair d'un blanc jaunâtre, demi-fine, fondante; eau sucrée, pas très abondante, mais bonne; rocher assez gros; pepins fort larges et très noirs. Mûrit dans la première quinzaine de septembre.

J'appelle cette Poire malicieuse, parce qu'au lieu de commencer à s'altérer par le centre comme les autres, c'est la superficie qui s'altère la première; on la croit gâtée lorsqu'elle est encore très saine à l'intérieur.

N° 6. *Ferdinand de Meester,* V. M. Gain de 1822. Fruit ovale, très ventru, haut de 2 pouces et demi sur autant en diamètre; queue longue de 6 à 9 lignes; œil assez grand, placé dans un enfoncement bossué; peau ponctuée, tavelée et marbrée de roux, rougissant en se fouettant de rouge du côté du soleil, et passant au jaune à la maturité; chair d'un blanc tant soit peu jaunâtre, demi-fondante, légèrement grenue; eau abondante, sucrée, relevée, très bonne. Mûrit dans la première quinzaine de septembre.

Cette Poire, digne d'être très multipliée, porte le nom du jardinier de M. Van Mons: elle a l'eau et la saveur du Messire-Jean; mais sa chair fondante la rend de beaucoup supérieure au Messire-Jean.

N° 7. *Henry Van Mons,* V. M. Gain de 1825 ou 1826. Fruit de forme elliptique ventrue, haut de 3 pouces, obtus aux deux bouts; sa queue est menue et longue de 8 à 10 lignes; l'œil est à fleur, vide et creux; la peau est d'un jaune clair ponctué de roux, lavée et marbrée de rouge clair du côté du soleil; chair d'un blanc jaunâtre, fine; eau sucrée, pas très abondante. Mûrit vers la mi-septembre.

Cette Poire porte le nom de l'un des cousins de M. Van Mons, ce qui suppose qu'elle doit être d'excellente qualité: je ne l'ai trouvée que bonne parce qu'elle passe vite; on dit qu'elle est ordinairement plus grosse que les échantillons que j'en ai reçus.

N° 8. *Grosse verte*, V. M. Gain de 1824. Fruit oblong, ventru, haut de 2 pouces et demi; queue moyenne, insérée entre quelques bosses; œil petit, placé à fleur de fruit; peau restant verte long-temps, lisse, légèrement marbrée de roux gris, rougissant un peu du côté du soleil, montrant de gros points gris dans ce rouge, et enfin jaunissant un peu à la maturité; chair d'un blanc jaunâtre, un peu grenue, cependant fondante; rocher considérable; eau abondante, sucrée, relevée, très bonne.

Mûrit vers la mi-septembre. Cette Poire est sans doute ordinairement plus grosse que les échantillons qui m'ont été envoyés, puisque M. Van Mons lui applique l'épithète *grosse*.

N° 9. *Fondante Spence,* V. M. Gain de 1816. Gros fruit irrégulier, ventru, obtus aux deux bouts, haut de près de 4 pouces sur 3 de diamètre; queue rousse plantée dans un enfoncement; œil moyen, presqu'à fleur, à divisions petites et charnues à la base; peau d'un beau jaune, piquetée de roux, lavée et fouettée de rouge du côté du soleil; chair blanche, fine, fondante ou beurrée; eau abondante, sucrée, relevée, excellente; pepins maigres ou avortés.

Cette excellente et grosse Poire mûrit dans le commencement de septembre : on ne peut trop s'empresser de l'introduire et de la multiplier dans nos pépinières.

N° 10. *Poiteau*, V. M. Gain de 1823. Je suis bien persuadé que la Poire à laquelle M. Van Mons a bien voulu attacher mon nom est excellente; mais les échantillons qu'il m'a envoyés étaient d'une qualité si inférieure et si variés entre eux, qu'il serait aussi difficile qu'inutile de les décrire ici : il y a eu probablement quelque erreur dans l'envoi. La maturité est arrivée dans les premiers jours de septembre.

N° 11. *Saint-Germain Van Mons*, V. M. Gain de 1819, au jardin du comte d'Arenberg, d'un franc fourni par M. Van Mons. Fruit moins allongé que le Saint-Germain ordinaire, haut seulement de 2 pouces et demi; queue assez grosse, verte, longue de 15 à 17 lignes; œil presqu'à fleur, à divisions étroites, un peu charnues à la base; peau d'un beau jaune, à peine ponctuée et marquée de quelques petites taches rousses; chair blanche avec une légère nuance de jaunâtre, fondante, quoiqu'un peu granuleuse; eau assez abondante, sucrée, fort bonne; loges petites; pepins courts, plats, fort maigres, très noirs.

Mûrit au commencement de septembre. Fort bonne Poire.

N° 12. *Audibert*, P. (*Forme Duval*, V. M.) Gain de 1820. Comme c'est provisoirement que M. Van Mons a désigné plusieurs fruits dans son catalogue, en rappelant quelque ressemblance avec tel ou tel autre fruit souvent inconnu au lecteur, et que d'ailleurs une nomenclature ne s'accommode guère de ces sortes de signalemens (*voir* Linné, *Critica botanica*), je pense que M. Van Mons verra avec plaisir que je consacre sa forme Duval à M. Audibert, pépiniériste à Tonelle, près Tarascon, célèbre depuis longtemps par ses grandes connaissances en culture et par le riche et vaste établissement horticultural qu'il dirige à la satisfaction de ses commettans.

La Poire Audibert varie un peu dans sa forme et sa grosseur : tantôt elle a les proportions d'un fort Doyenné allongé, tantôt celles d'un Saint-Germain ventru, rétréci vers la queue; elle est haute de 3 pouces et plus sur 2 pouces de diamètre; la queue est grosse et longue, tantôt insérée au milieu de la tête aplatie du fruit, tantôt insérée obliquement sur une tête moins large; l'œil est petit, presqu'à fleur, à divisions étroites, courtes, conniventes, blanches par un duvet laineux; peau jaune, souvent munie d'une tache rousse près de la queue, le reste finement piqueté de points roux et montrant de la tendance à se fouetter de rouge au soleil; chair blanche avec un petit œil jaunâtre, très fine, fondante; eau abondante, sucrée, très bonne.

Mûrit au commencement de septembre.

N° 13. *Claire*, V. M. Gain de 1824. Fruit turbiné, ventru, haut de 2 pouces 3/4 sur 2 pouces 1/2 de diamètre; sa queue est grosse, longue de 6 à 8 lignes; son œil est petit, placé dans un léger enfoncement; peau d'un jaune clair, piquetée de points roux, lavée de rouge clair du côté du soleil, et l'on remarque dans ce rouge des points verts plus gros entourés de jaune; chair blanche, fine, fondante; eau très abondante, sucrée, relevée, excellente; loges longues; pepins exactement noirs, fort grands, aplatis et maigres.

Cette Poire divine mûrit dans le commencement de septembre.

N° 14. *Napoléon*, V. M. (*Poire Médaille, Poire Mabille*, Nois.) Gain de 1808. M. Van Mons, en m'envoyant cette Poire, l'avait inscrite *Napoléon vrai*: cela voulait-il dire qu'en Belgique même il existe aussi quelque équivoque au sujet de ce nom? Quoi qu'il en soit, la Poire Napoléon est d'un si grand mérite, que j'ai cru devoir la faire graver avec les différentes modifications dans lesquelles je l'ai reçue.

Cette intéressante variété a été gagnée de semis vers 1808, par M. Liart, jardinier à Mons. Son premier fruit a été jugé excellent par la Société d'Horticulture de Mons, et elle lui a décerné une médaille; c'est de là sans doute que cette Poire porte le nom de médaille dans quelques endroits. M. l'abbé Duquesne fit l'acquisition du pied-mère, encore très jeune, au prix de 33 francs, et imposa au fruit le nom de *Napoléon*. Quoique d'un grand mérite, cette Poire est encore peu répandue en France, tandis qu'elle devrait déjà y être aussi commune que le Beurré et le Saint-Germain. J'en ai reçu de la Belgique et de Boulogne-sur-Mer (Pas-de-Calais), qui différaient beaucoup entre elles de forme et de grosseur; M. Noisette en cueille maintenant une assez grande quantité dans sa pépinière, qui varient très peu entre elles, mais assez différentes pour la forme de celles qui m'ont été envoyées de la Belgique et de Boulogne-sur-Mer; M. Godefroy, pépiniériste à Ville-d'Avray, en a présenté deux beaux échantillons à la Société d'Horticulture de Paris, qui, quoique assez semblables à ceux de M. Noisette, en différaient cependant assez pour que leur identité ne fût pas très évidente au premier coup-d'œil. Il est donc prouvé que jusqu'ici la Poire Napoléon varie en forme et en grosseur comme le Bon-Chrétien d'hiver, et qu'elle n'a de constant dans sa forme qu'un étranglement vers le tiers supérieur de sa hauteur, étranglement qui lui est commun avec le Bon-Chrétien d'hiver. D'après les remarques de M. Van Mons, le Poirier qui produit la Napoléon a aussi les feuilles et le bois du Bon-Chrétien d'hiver, et ce savant pomologiste ne balance pas à la considérer comme une sous-variété de notre Bon-Chrétien d'hiver.

Ayant dessiné, *Pl. I*, quatre Poires Napoléon assez différentes l'une de l'autre, j'y renvoie le lecteur pour leur forme et leur grosseur, en rappelant que toutes ont un étranglement vers le tiers supérieur. La peau est assez luisante, tantôt nue, tantôt piquetée et tigrée de roux; elle passe du vert clair au jaune clair dans la maturité; l'œil est enfoncé, à divisions larges, longues, le plus souvent conniventes; la chair est blanche ou tant soit peu jaunâtre, fine, légèrement grenue et cependant très fondante; son eau est excessivement abondante, sucrée, relevée, délicieuse; loges petites, pepins longuets, avortés.

M. Noisette mange des Poires Napoléon, ou, comme il les appelle, des Poires médailles, depuis la fin d'août jusqu'au 15 octobre. Elles se conservent assez long-temps en parfait état de maturité. On ne saurait, dit M. Van Mons, cultiver un fruit plus méritant pour la saison.

Explication de la planche I.

Fig. 1. L'un des fruits envoyés de Louvain par M. Van Mons : l'échancrure qu'il a dans le haut est évidemment un effet du hasard.

Fig. 2. L'un des échantillons envoyés de Boulogne-sur-Mer, par M. Bonnet. J'ai remarqué sur celui-ci que, quand la peau passe du vert au jaune, le jaune se manifeste par bandes longitudinales, et non uniformément ni par petites places comme dans les autres Poires.

Fig. 3. Échantillon pris chez M. Noisette. Celui-ci paraît offrir la forme normale ou celle que la Napoléon affecte le plus.

Fig. 4. Échantillon cueilli chez M. Godefroy. Sa queue était d'une grosseur rare.

N° 15. *Impératrice de France*, V. M. Gain de 1809. Poire presque conique, un peu ventrue, haute de 2 pouces et demi; queue longue de 15 lignes, verruqueuse, insérée obliquement, œil dans un enfoncement étroit, à divisions droites, charnues, figurées en cornet; peau d'un beau jaune, très finement ponctuée de roux, avec quelques taches de cette couleur; chair blanche, fondante; eau abondante, sucrée, relevée, délicieuse.

Cette excellente Poire mûrit dans le commencement de septembre.

N° 16. *Poire de la Dédicace*, V. M. (en flamand, *Kermès Peèr.*) Gain de 1827. Fruit ventru, allongé vers la queue en forme de calebasse, haut de 3 pouces un quart sur 2 pouces et demi de diamètre à l'endroit du ventre; queue assez grosse, droite, longue de 1 pouce et plus; œil étoilé, placé à fleur, à divisions caduques; peau passant du vert au vert jaunâtre comme le Saint-Germain, piquetée de points roux, tavelée de la même couleur sur le ventre et du côté du soleil; chair demi-fine, d'un blanc jaunâtre, fondante; eau très abondante, sucrée, relevée, excellente.

Cette Poire mûrit dans le commencement de septembre. Ses bonnes qualités rappellent celles de la Crassane.

N° 17. *Coloma d'automne*, V. M. Gain de 1808 ou 1809. Forme régulière de Doyenné allongé et ventru, haut de 2 pouces 3/4 sur 2 pouces 1/4 de diamètre; queue grosse, longue d'un pouce; œil petit, dans un léger enfoncement régulier et roux comme l'endroit où s'insère la queue, et où il y a assez souvent une tache comme l'empreinte d'une feuille; peau finement ponctuée, devenant d'un beau jaune et se lavant de rouge du côté du soleil; chair d'un blanc jaunâtre, très fondante, quoique ayant le rocher assez gros; eau très abondante, sucrée, relevée, excellente; pepins longs, très noirs.

Mûrit à la mi-septembre. Gagné, à Malines, par le comte de Coloma.

N° 18. *Cels*, P. (*CC*, V. M.) Gain de 1834. Je n'avais pas eu d'abord l'intention de relater ici aucune des 60 variétés de Poires de 1er rapport que M. Van Mons m'avait adressées au commencement de septembre 1834, parce qu'il me disait en même temps que, quand je dégusterais ces fruits, les arbres seraient détruits par les ingénieurs, pour faire place à une fabrique de gaz d'éclairage; mais ayant su, depuis, qu'il avait eu le temps d'en sauver des greffes, et qu'en conséquence toutes les variétés n'étaient pas perdues, j'attache à celle qu'il m'a envoyée sous le signe *CC*, le nom de Cels, célèbre depuis trois générations dans les fastes de l'horticulture. Cette Poire est ovale-oblongue, obtuse, haute de 2 pouces trois quarts sur 2 pouces un quart de diamètre, pendue à une queue assez menue, longue d'un pouce; sa peau, pointillée de roux, devient d'un jaune doré à la maturité; sa chair est très blanche, fine, fondante; son eau est abondante, sucrée, relevée, plus sapide encore que dans un bon Doyenné.

Mûrit vers la mi-septembre.

N° 19. *Terside*, P. (905, V. M.) Cette Poire est d'une belle forme ovale, atténuée vers la queue, haute de 3 pouces; peau d'un beau jaune, à peine pointillée, un peu rousse du côté du soleil; chair blanche, tendre; eau bonne, mais peut-être pas assez abondante.

Mûrit dans la première quinzaine de septembre. Son nom indique que je ne la place qu'au troisième rang.

N° 20. *Chair verte*, P. (000 V. M., 1834.) Fruit ovale, ventru, haut de 2 pouces 1/2 sur 2 pouces 1/4 de diamètre; queue variable en grosseur et en longueur, se tenant cependant dans un terme assez moyen; elle est légèrement enfoncée à son insertion; œil moyen, presqu'à fleur; peau toute verte, épaisse, luisante, noircissant par le frottement, marquée de gros points cendrés; chair verte, fondante; eau abondante, sucrée, fort bonne; axe du fruit presque ligneux.

Ce bon et singulier fruit mûrit vers le 10 septembre. C'est un gain de 1834.

N° 21. *Niell,* V. M. Gain de 1815. Beau fruit ovale-oblong, ventru, atténué du côté de la queue, haut de 3 pouces ½ sur un diamètre de 28 à 30 lignes; queue fort longue, menue et raide, plantée obliquement; œil assez grand, placé dans un léger enfoncement bossué, à divisions longues, larges et un peu charnues à la base; peau d'un jaune d'or, finement et légèrement ponctuée de roux; chair blanche, fine, fondante; eau abondante, douce, mais peu parfumée; loges petites; pepins assez gros et longs.

Mûrit vers la fin de septembre. Si cette poire était plus parfumée, elle serait l'une des plus délicieuses.

N° 22. *Godefroy,* P. (550, V. M.) Gain de 1831. Fruit ovale-ventru, haut de 2 pouces ½ à 3 pouces; queue grosse, longue d'un pouce, renflée et charnue à son insertion; œil assez grand, à divisions courtes, étalées en étoiles; peau d'un jaune citron, finement ponctuée, légèrement fouettée de rouge du côté du soleil; chair blanche avec une teinte jaunâtre, demi-fine, fondante, laissant cependant quelques grains dans la bouche; eau assez abondante, sucrée et relevée d'un acide très agréable; loges moyennes; pepins noirs très pointus à leur insertion.

Cette Poire mûrit dans la dernière quinzaine de septembre. Je la dédie à mon ancien ami, M. Godefroy, pépiniériste distingué, à Ville-d'Avray, près Paris.

N° 23. *Louise de Prusse.* (581, V. M.) Gain de 1826. Grosseur et forme de Saint-Germain un peu ventru et moins épais du côté de la queue, qui est plantée obliquement; œil assez grand, creux, à divisions courtes un peu cotonneuses, et placé dans un léger enfoncement régulier; peau verte, un peu rude, ponctuée de roux et jaunissant légèrement à la maturité; eau abondante, sucrée, agréable; loges petites; pepins longs, presque noirs. Mûrit dans le commencement de septembre.

N° 24. *Calebasse Bosc,* P. (*vrai Bosc,* V. M.) Gain de 1806 ou 1807. M. Van Mons m'a envoyé, sous les noms de *vrai Bosc* et *faux Bosc*, deux Poires très analogues, et qui ne présentaient que de légères différences dans la forme, la couleur et dans les qualités, et je me suis rappelé qu'il y a 30 ans j'avais dégusté, dans la pépinière de M. Noisette, le fruit d'un jeune arbre qu'il venait de recevoir de la Flandre, sous le nom de *Calebasse*, nom parfaitement approprié à la forme de son fruit; et, quoique M. Noisette ait perdu cet arbre assez promptement avant de l'avoir multiplié et que je n'aie plus revu de ses fruits, je me rappelle aussi parfaitement qu'ils étaient identiques avec ceux que M. Van Mons m'a envoyés en 1833. Le nom de Calebasse-Bosc a donc l'antériorité, et je repousse de toutes mes forces l'épithète *faux* qui pourrait produire une allusion indigne de la mémoire d'un homme qui était l'un des plus francs et des plus justes de notre siècle. (M. Noisette a retrouvé cette espèce et la multiplie beaucoup.)

Le fruit en question est figuré en Calebasse à ventre renflé, haut de près de 4 pouces, pendu à une queue assez grosse et longue souvent de 18 lignes; son œil est ouvert, nu, placé presqu'à fleur; la peau est lisse, d'un fond jaune, recouverte presque partout d'une couleur fauve rousse également lisse, parmi laquelle on distingue des points plus denses en couleur; la chair est jaunâtre, demi-fine, demi-fondante; son eau est assez abondante, très bonne, savoureuse, ayant quelque chose du Messire-Jean; loges petites; pepins cōurts, très noirs.

Cette Poire, que l'on croirait cassante quand on la mange avant sa maturité, mûrit vers la fin de septembre.

Quant à la sous-variété mentionnée et envoyée également par M. Van Mons, j'ai trouvé sa peau moins lisse, plus rousse, sa chair plus blanche, plus fondante, son eau sucrée, très bonne, mais n'offrant pas la saveur du Messire-Jean : cependant il me paraît difficile de séparer ces deux Poires.

N° 25. *Bezy des Vétérans*, V. M. Gain de 1821. A propos du nom Bezy donné à plusieurs Poires, on me pardonnera peut-être de rappeler que Bezi ou Bezier est un terme de patois normand et breton qui signifie sauvageon, auquel on a ajouté le nom de la forêt du lieu où il avait été trouvé, ou le nom de la personne qui l'avait découvert ou à laquelle on le dédiait, comme Bezy d'Hery, Bezy de Chaumontel, Bezy de la Motte, etc. On a trouvé que le mot sauvageon cadrait mal avec un fruit censé policé, et que Bezy, dont peu de personnes entendaient la signification, n'aurait pas le même inconvénient.

Le Bezy des Vétérans est une Poire ovale-arrondie, haute de 2 pouces et demi, dont la queue est longue et raide, dont l'œil, placé dans une légère cavité, a les divisions droites, raides, obtuses et blanchâtres à l'extrémité; la peau est d'un beau jaune, piquetée de petits points roux, lavée et fouettée de rouge clair du côté du soleil; la chair est d'un blanc jaunâtre, demi-fine, fondante; son eau est abondante, sucrée, avec une petite saveur particulière, comme verdâtre; loges moyennes; pepins fort longs, pointus, marron foncé. La maturité arrive vers la mi-octobre.

Cette Poire m'a été envoyée de Boulogne-sur-Mer par M. Bonnet, amateur éclairé, qui possède maintenant une assez grande quantité des fruits nouveaux de M. Van Mons : elle se place parmi les Beurrés; elle est fort bonne, mais peut-être que son petit goût de verdeur ne plaira pas à tout le monde.

N° 26. *Beurré Diel*, V. M. Gain de 1805. Fruit magnifique de forme et de volume; il est presque ovale, un peu rétréci du côté de la queue, haut de 4 pouces sur 3 pouces 1/4 de diamètre; sa queue est longue de 9 à 12 lignes, assez grosse, et son œil, placé dans une cavité étroite et profonde, a ses divisions caduques; peau d'un beau jaune, piquetée d'assez gros points roux et frangée de quelques taches de la même couleur; chair blanche, demi-fine, fondante, laissant cependant quelques grains fins dans la bouche provenus sans doute du gros rocher divisé en trois cercles qui entourent les loges; eau abondante, sucrée, sapide; loges étroites; pepins fort longs, assez bien nourris.

Mûrit dans le commencement d'octobre. On désirerait que cette belle Poire eût la chair décidément fine et qu'elle ne laissât pas dans la bouche quelque chose de long à fondre.

N° 27. *Marie-Louise*, Duquesne. V. M. Gain de 1809. Forme d'une grosse et longue Mouille-bouche, haute de 3 pouces, un peu variolée auprès de la queue, qui est longue, assez grosse et droite; œil resserré dans un léger enfoncement bossué, à divisions charnues persistantes; peau d'un beau jaune luisant, très peu piquetée de roux; chair d'un blanc jaunâtre, pas très fine, mais bien fondante; eau abondante, sucrée, relevée, excellente; loges très petites; pepins moyens, fauves, bien nourris. Ce très bon fruit mûrit vers la fin de septembre.

N° 28. *Beurré Driessen*, P. (1253, V. M.) Celle-ci est un gain de 1812. C'est une Poire à gros ventre arrondi et qui diminue beaucoup d'une manière obtuse du côté de la queue; elle a 3 pouces un quart de hauteur sur près de 3 pouces de diamètre; sa queue est assez grosse, raide, longue de 18 lignes, entourée de bosses à son insertion; œil moyen, placé dans une étroite cavité, à divisions courtes, émoussées; peau jaune, piquetée de petits points roux dans l'ombre, de gros points rougeâtres et fouettés de rouge du côté du soleil; chair d'un blanc jaunâtre, demi-fine; eau abondante, très sapide, c'est à dire très relevée de l'acide agréable de nos bons Beurrés. C'est, selon moi, une excellente Poire: elle mûrit fin de septembre et dans les premiers jours d'octobre.

N° 29. *Frédéric de Wurtemberg*, V. M. Gain de 1812 ou 1813. Fruit portant le ventre vers le milieu de sa hauteur, long de 3 pouces 1/4 sur près de 3 pouces de diamètre, atténué en cône vers la queue, qui est épaissie vers la base et longue d'un pouce; œil large, placé presqu'à fleur; peau lisse, à peine marbrée ou pointillée de roux, devenant d'un beau rouge clair du côté du soleil et prenant une teinte jaune du côté de l'ombre à la maturité; chair très blanche, fine, beurrée; eau abondante, sucrée, délicieuse.

Mûrit fin de septembre et commencement d'octobre.

N° 30. *Reine des Belges*, V. M. Gain de 1832. Cette Poire répand une odeur délicieuse; elle a la forme d'un gros Messire-Jean un peu élevé vers la queue, qui est grosse, bossuée à la base et longue de 15 lignes; œil moyen dans un large évasement peu profond, à divisions petites, charnues, persistantes; peau jaune clair, lisse, luisante, finement ponctuée; chair blanche, demi-fondante; eau assez abondante, sucrée, relevée; loges moyennes; pepins gros, aplatis.

Mûrit vers la mi-septembre. Cette Poire était trop avancée lorsque je l'ai dégustée : d'après son nom, on a lieu de croire qu'elle est excellente.

N° 31. *Baud*, V. M. Gain de 1819. Cette variété est si fertile, que M. Van Mons a compté, en 1833, six mille fruits sur un arbre qui n'a ni vingt ans ni 20 pieds de hauteur : la Poire n'est pas grosse à la vérité, elle est turbinée, haute de 2 pouces sur presque autant en diamètre; sa queue est assez grosse, et son œil, placé à fleur, a les divisions courtes et tronquées; peau fauve, ponctuée; chair d'un blanc jaunâtre, demi-fondante, un peu pierreuse; eau abondante, sucrée, relevée, parfumée, très bonne ; loges petites; pepins fauves.

Mûrit dans la première quinzaine d'octobre. Cette Poire a la saveur du Messire Jean, mais elle est beaucoup plus fondante.

N° 32. *Bergamote beurrée*, V. M. Gain de 1812. M. Van Mons m'a envoyé cette Poire sans nom sous le n° 53; mais comme je trouve, dans le supplément à la première série de son catalogue, *Bergamote beurrée* sous le n° 53, je suppose que c'est le même fruit. Forme ovale-ventrue, haute de 2 pouc. 1/2 sur autant de diamètre, à périphérie irrégulière; queue assez grosse, longue de 8 lignes ; œil très comprimé, très enfoncé dans une cavité bossuée; peau d'un fond jaune, mais si tavelée et marbrée de roux, que le jaune paraît à peine; chair d'un blanc jaunâtre, demi-fondante ; eau très abondante, sucrée, parfumée, excellente.

Mûrit fin d'octobre et en novembre. Le parfum de cette Poire est particulier et fort agréable.

N° 33. *Colmar Bonnet*, V. M. Gain de 1821. Cette Poire, un peu allongée, atténuée vers la queue et ventrue vers la tête, varie peu dans sa forme; elle a 3 pouces de hauteur sur 2 pouces 1/4 de diamètre ; la queue, assez grosse, oblique ou courbée, est grosse et longue de 9 à 10 lignes ; l'œil est presqu'à fleur, à divisions courtes, conniventes, charnues à la base; peau devenant d'un beau jaune, piquetée de petits points roux, quelquefois marquée d'une tache rousse et d'autres plus petites ; chair blanche, demi-fine, fondante ; eau pas très abondante, sucrée, relevée, fort bonne.

Mûrit dans le commencement de septembre. M. Van Mons a dédié cette Poire à M. Bonnet, pomologiste, à Boulogne-sur-Mer.

N° 34. *Poire Turpin*, P. (1593, V. M.) Gain de 1833. Forme de Calebasse, haute de 4 pouces sur 2 pouces ½ de diamètre; queue grosse, charnue à la base, d'un gris bronzé, longue de 10 lignes, dirigée obliquement; œil presqu'à fleur, déprimé comme dans la Poire à deux têtes, à divisions caduques; peau d'un jaune d'or, pointillée de roux, légèrement lavée de rouge du côté du soleil; chair blanche, demi-fine, fondante; eau très abondante, sucrée, sapide, excellente; loges petites; pepins longs, très noirs. Mûrit dans le commencement d'octobre. Elle a des rapports avec le Saint-Germain.

Je dédie cette excellente Poire à mon ancien ami, M. Turpin, de l'Académie des sciences, mon collaborateur dans la nouvelle édition du *Traité des arbres fruitiers*, ouvrage en 6 vol., grand in-folio, contenant 400 figures de fruits attachés à leurs branches, peints par nous sur peau de vélin, aux frais de M. Delachaussée, imprimés en couleur et retouchés au pinceau.

N° 35. *Beurré Colmar*, V. M. Ces deux noms sont déjà une recommandation pour cette Poire, qui est de forme elliptique, ventrue, allongée du côté de la queue, haute de 3 pouces sur 2 pouces un quart de diamètre; queue longue d'un pouce; œil à fleur, très resserré, ayant ses divisions distantes, entourées de petites bosses; peau lisse, jaunissant dans la maturité, piquetée de nombreux points verts dans l'ombre, roux du côté du soleil, lequel côté se lave et se fouette d'un rouge feu vif; chair très blanche, tant soit peu granuleuse, fondante; eau abondante, fort agréable, relevée d'acide et d'un parfum particulier qui font de cette Poire un très bon fruit. Mûrit dans les premiers jours d'octobre.

N° 36. *Jefferson*, V. M. Fruit ventru à tête arrondie, atténué en cône du côté de la queue, haut de 2 pouces et demi sur 2 pouces de diamètre; queue menue, longue de 6 à 8 lignes; œil presqu'à fleur, à divisions larges et courtes; peau chamois; chair blanche, demi-fondante, tant soit peu âpre; eau très abondante, sucrée, relevée, parfumée, excellente; loges petites; pepins aplatis, marron noirâtre.
Mûrit vers la mi-octobre.

N° 37. *Grosse écorce*, P. (1618, V. M.) Gain de 1832. Forme et volume d'un gros Saint-Germain; queue grosse et longue, plantée obliquement; œil grand, ouvert, irrégulier, presqu'à fleur; peau épaisse, verte, marbrée de gris roussâtre; chair blanche, demi-fine; eau abondante, sucrée, relevée, fort bonne; loges petites; pepins petits, aplatis et fort noirs.

Mûrit au commencement d'octobre. Son nom vient de ce que j'ai trouvé que sa peau était plus épaisse que dans les autres Poires.

N° 38. *Luisante musquée*, P. (660, V. M.) Gain de 1830. Fruit turbiné, ventru, haut de 3 pouces sur presque autant de diamètre; queue grosse, longue d'un pouce; œil grand, arrondi, profond, placé presqu'à fleur, à divisions caduques; peau d'un beau jaune luisant, finement piquetée de points verdâtres; chair blanche, un peu grossière; eau pas très abondante, sucrée, musquée; loges moyennes; pepins fauves, gros et courts.

Mûrit dans la première quinzaine d'octobre. Si cette Poire n'est jamais meilleure que quand je l'ai décrite, je ne pense pas qu'on doive la multiplier dans les pépinières. Sa saveur musquée est rare dans les Poires d'automne.

N° 39. *Fondante des bois*, V. M. (*Bosch-peèr*, en flamand.) Gagnée à Destingen, près de Gand. Gros fruit ventru, rétréci et obtus vers la queue, haut de 3 pouces sur autant de diamètre; sa queue est longue d'un pouce et assez menue; son œil est petit, vide, presqu'à fleur; peau jaune dans l'ombre, lisse, lavée et fouettée de rouge vif du côté du soleil, et finement piquetée de points roux dans les demi-teintes; chair blanche, fondante; eau sucrée, agréable.

Mûrit dans le commencement d'octobre. Tout me dit que ce fruit devait être excellent, mais je l'ai dégusté un peu trop tard pour pouvoir l'assurer.

N° 40. *Poire de Louvain*, V. M. Gain de 1827. Ce fruit me paraît beaucoup varier en forme et en grosseur; le terme moyen est une forme turbinée, allongée et amincie du côté de la queue, arrondie du côté de la tête, haute de 2 pouces 3/4 sur plus de 2 pouces de diamètre; la queue est grosse, longue d'un pouce; l'œil est petit, rouge, placé à fleur, à divisions très étroites et caduques; peau lisse, jaune clair partout, finement piquetée de points roux du côté du soleil; chair blanche, beurrée, fondante; eau abondante, sucrée, très bonne.

Mûrit au commencement d'octobre. Cette Poire est un fruit fin qui mérite une place distinguée.

N° 41. *Noisette*, P. (104, V. M.) Gain de 1826. Cette Poire a la grosseur, la surface inégale et bossuée et presque la forme d'un Bon-Chrétien d'hiver. Sa hauteur est de 4 pouces sur 3 pouces 4 lignes de diamètre; la queue est grosse, longue de 6 à 8 lignes, insérée obliquement et un peu enfoncée; l'œil est petit, placé dans un large enfoncement, à divisions courtes, charnues à la base, un peu velues ainsi que les environs de l'œil; la peau est jaune, ponctuée et marbrée de roux, et le côté de la queue se couvre souvent d'une grande tache frangée de cette couleur; chair blanche, fine, fondante; eau très abondante, sucrée, relevée, excellente. La maturité arrive dans le commencement d'octobre.

Je dédie cette Poire à M. L. Noisette, mon plus ancien ami, et dont le nom est inscrit depuis long-temps dans les plus belles pages de l'horticulture.

N° 42. *Beurré de Louvain*, P. (159, V. M.) Forme d'un très beau

Beurré gris, haut de 3 pouces un quart; queue fort grosse, longue de 9 lignes; œil rond, vide, placé dans un petit enfoncement bossué, à divisions courtes, émoussées; peau d'un fond jaune, mais couverte d'une grande quantité de points et de marbrures rousses, de sorte qu'elle paraît tout à fait rousse, si ce n'est qu'elle se lave de rouge du côté du soleil; chair blanche, fondante; eau abondante, sucrée, relevée d'acide comme dans les meilleurs Beurrés; loges petites; pepins longuets, la plupart avortés.

Cette excellente Poire mûrit fin de septembre et dans le commencement d'octobre.

N° 43. *L'Empressée*, P. (1001, V. M.) Gain de 1831. Cette Poire a beaucoup de ressemblance pour la forme et la grosseur avec la précédente; mais la partie conique a une base moins large et la queue est moins grosse; œil ouvert, à divisions longues et étroites, à étamines persistantes; peau lisse, jaune, piquetée de gros points rouges, nombreux, et lavée de rouge du côté du soleil; chair et eau comme dans notre Doyenné, passant également très vite, d'où le nom *empressée* que j'ai donné à la Poire. Mûrit fin de septembre.

N° 44. *Clémentine*, P. (1621, V. M.) Gain de 1833. Beau fruit figuré en gros Saint-Germain, haut de 3 pouces et demi; queue grosse, longue de 10 lignes; œil moyen, noir, placé dans une cavité étroite, à divisions aiguës; peau d'un jaune d'or, finement ponctuée de roux, légèrement lavée de rouge du côté du soleil; chair blanche, demi-fine, fondante; eau abondante, parfumée; loges moyennes; pepius gros, larges, marron foncé.

Mûrit dans le commencement d'octobre. *Clémentine*, de Clémence, nom de ma fille.

N° 45. *Aglaé Adanson*, V. M. Gain de 1816. Cette Poire affecte assez la forme d'un petit Bon-Chrétien d'hiver; elle en a même la peau et les bosselures; sa queue, longue d'environ un pouce, varie beaucoup en grosseur; œil à fleur, petit, à divisions courtes, convergentes, enfermant les étamines; chair jaunâtre, un peu grenue, mi-fondante; eau assez abondante, sucrée, légèrement parfumée; loges étroites, pepins longs, fort noirs.

J'aurais désiré trouver dans cette Poire une chair plus fine et une eau plus sapide; j'aime à croire qu'elle est ordinairement excellente. Mûrit dans le commencement d'octobre. Je note que M. Van Mons m'a envoyé, sous le n° 1709, comme un gain de 1832, une Poire extrêmement semblable à celle-ci, mûrissant en même temps et de meilleure qualité : y aurait-il eu quelque erreur ? (1)

(1) Depuis la rédaction de ce passage, M. Van Mons m'a assuré que l'Aglaé Adanson est toujours une Poire fondante et exquise.

N° 46. *Bosc Desfontaines*, V. M. Gain de 1814. Par ce double nom, on a voulu sans doute consacrer cette Poire à la mémoire des deux célèbres professeurs au Jardin de Paris, que la mort nous a enlevés de 1830 à 1833; je l'ai reçue de Boulogne-sur-Mer, par M. Bonnet, sans aucun renseignement sur son origine. Elle a la forme d'un gros Doyenné allongé, ventru, haut de 3 pouces sur 2 pouces et demi de diamètre; mais sa peau est toute différente, et sa queue, assez grosse, est longue de près d'un pouce; œil moyen rond, à divisions courtes, placé dans un enfoncement régulier; peau jaune marbrée de roux; chair blanche, fine, fondante; eau abondante, sucrée, relevée, très bonne; loges petites; pepins ovales, plats, très foncés en couleur.

Cette excellente Poire mûrit dans la dernière quinzaine d'octobre; elle est digne des noms qu'elle porte.

N° 47. *Grosse Calebasse*, V. M. Fruit merveilleux pour sa longueur; il est figuré en calebasse conique, haut de 5 pouces et demi sur 3 pouces et demi de diamètre à l'endroit du ventre, qui se trouve près de la tête; queue grosse, longue de 8 à 10 lignes; œil moyen pour la grosseur du fruit, rond, à divisions larges, divergentes, la plupart caduques; peau lisse, un peu luisante, d'un vert clair, passant au jaunâtre à la maturité, couverte en grande partie de roux gris du côté du soleil, marbrée et piquetée de la même couleur du côté de l'ombre; chair blanche, demi-fine, fondante; eau très abondante, sucrée, assez relevée; loges très petites; pepins gros, courts. Mûrit dans la dernière quinzaine d'octobre.

Cette Poire, tout à fait inconnue à Paris, m'a été envoyée de Boulogne-sur-Mer, par M. Bonnet, qui la tient de M. Van Mons : son eau n'est pas assez parfumée pour la placer au nombre des excellens fruits, mais elle est bonne: la Société d'Horticulture de Paris l'a même jugée fort bonne; et puis, sa forme et son volume sont encore un mérite qui n'est pas à dédaigner.

N° 48. *Poire Gall*, V. M. Gain de 1823 ou 1824. Fruit ové, haut de 2 pouces; queue grosse, longue d'un pouce; œil petit, à fleur; peau d'un roux gris, marbrée de jaunâtre; chair blanche, fondante; eau abondante, sucrée, excellente; loges petites; pepins longs, aplatis, presque noirs.

Mûrit en novembre. Cette Poire m'a été envoyée de Boulogne-sur-Mer, par M. Bonnet, qui la tenait de M. Van Mons.

N° 49. *La Faille*, V. M. Gain de 1812. Forme et grosseur de Messire-Jean; queue longue, raide, verte, considérablement bossuée à son insertion; œil très comprimé, irrégulier, à divisions étroites, concaves, divergentes; peau jaune, piquetée de petits points roux, rougissant légèrement du côté du soleil; chair blanche, fine, fondante; eau abondante, sucrée, parfumée, excellente; loges larges; pepins moyens, marron foncé. Mûrit vers la mi-octobre. La Faille est le nom du baron de la Faille, grand amateur de pomologie, en Belgique.

Mûrit vers la mi-octobre. Sa saveur est particulière et fort agréable.

N° 50. *Acidaline*, P. (1571, V. M.) Gain de 1833. Fruit turbiné, obtus, haut de 2 pouces 1/2 sur 2 pouces de diamètre; queue menue; œil petit, peu enfoncé, à divisions très courtes; peau passant du vert clair luisant au vert jaune ponctué de roux tavelé ou marbré de cette couleur du côté du soleil; chair d'un blanc jaunâtre, demi-fine, demi-fondante, pierreuse auprès des loges; eau très abondante, très sapide ou très agréablement acidulée; loges petites; pepins courts, aplatis, peu colorés.

Mûrit dans le courant d'octobre. Cette Poire et celle du n° 1253, V. M., ont le jus plus acidulé que dans aucune autre bonne Poire : je les aime beaucoup.

N° 51. *Albertine*, P. (1471, V. M.) Gain de 1833. Fruit oblong, à ventre arrondi, légèrement étranglé dans le tiers supérieur, obtus et oblique au sommet, long de 2 pouces trois quarts sur 2 pouces de diamètre; queue menue, longue de 6 à 8 lignes, plantée obliquement; œil presqu'à fleur, pentagone, à divisions courtes, tronquées; peau épaisse, d'un jaune clair, finement ponctuée de roux; chair blanche, beurrée, fondante; eau abondante, sucrée, relevée, très bonne; loges petites; pepins longuets, plusieurs avortés (j'ai remarqué que quelques uns de ces derniers étaient bifides à la base).

Cette excellente Poire mûrit dans la dernière quinzaine d'octobre. Albertine est le nom de ma femme.

N° 52. *Poire Margat*, P. (1588, V. M.) Gain de 1833. Fruit ovale, turbiné, haut de 2 pouces 1/2 sur presque autant de diamètre; queue assez grosse, oblique; œil petit, enfoncé, à divisions courtes, convergentes; peau passant du vert tendre au jaune dans la maturité, marquée de nombreux et gros points verts dans l'ombre, rougeâtres du côté du soleil, lequel côté a lui-même une tendance à rougir; chair blanche, demi-fine, fondante quoique ayant un rocher assez gros; eau abondante, sucrée, très bonne; loges petites; pepins gros, longs, bien nourris. Mûrit vers la mi-octobre.

Je dédie cette Poire à M. Margat, l'un des plus habiles pépiniéristes de Vitry.

N° 53. *Beurré de Rans*, P. Cette Poire n'a pas été obtenue par M. Van Mons : il me l'a adressée sous le nom de *rance;* mais, d'après des renseignemens parvenus à M. Vilmorin, je dois la nommer Beurré de Rans, parce qu'elle a été trouvée, dit-on, dans une commune de la Flandre appelée Rans, et que d'ailleurs le mot rance a chez nous une signification qui ne lui convient pas (1); je ne lui conserve même le nom de Beurré que pour me conformer à l'usage, car sa chair n'est pas beurrée. C'est un gros fruit de la forme et du volume du Bon-Chrétien d'hiver, mais plus régulier et moins variable; sa queue est longue et fort grosse; il a l'œil presqu'à fleur, grand, rond, à divisions calicinales courtes; sa peau, un peu rude, ponctuée de roux, fouettée de rouge du côté du soleil, passe du vert tendre au jaune clair à la maturité; la chair est blanche, greuue, mi-fondante, un peu âpre et ayant des rapports avec celle du Bon-Chrétien d'hiver; son eau est très abondante, sucrée, relevée, très bonne; ses loges sont de moyenne grandeur; les pepins longuets, maigres, la plupart avortés.

Mûrit en novembre. Quoique la chair de cette Poire ne soit pas fine, son eau est si abondante et si bonne, qu'elle mérite une place distinguée dans nos jardins.

N° 54. *Spreeuw ové*, P. (Faux Spreeuw, V. M.) Gain de 1815. Spreeuw signifie, en français, Poire-Étourneau. Je ne puis adopter l'épithète *faux*, appliquée à ce fruit par M. Van Mons, d'abord par la raison expliquée à la Calebasse Bosc, et ensuite parce que je ne trouve aucun autre Spreeuw dans son catalogue. J'appelle donc ce fruit Spreeuw ové, parce qu'il a la forme d'un œuf raccourci, haut de 2 pouces et demi sur autant de diamètre; sa queue est de moyennes longueur et grosseur; son œil est presqu'à fleur, rond ou comprimé, à divisions larges, courtes, convergentes; sa peau verte, jaunissant un peu à la maturité, est ponctuée et tavelée de roux avec une tache de cette couleur autour de l'œil et à l'insertion de la queue; sa chair est d'un blanc verdâtre, demi-fondante quoique ayant le rocher assez considérable; eau abondante, sucrée, avec un petit goût de verdeur; loges moyennes; pepins larges, plats, marron foncé.

Cette Poire n'est pas mauvaise; elle mûrit fin d'octobre et dans le commencement de novembre. Le Spreeuw vrai, V. M., a été gagné à Malines, quelques années avant celui-ci. Je ne le connais pas.

N° 55. *Camuzet*, P. (1600, V. M.) Gain de 1833. Ce fruit a la forme et la grosseur d'une Louise bonne; sa queue est longue d'un pouce; son œil, presqu'à fleur, a les divisions larges et conniventes; sa peau est d'un jaune ten-

(1) M. Van Mons n'adopte pas cette origine. Le Beurré rance, ou Beurrée épin, a été, dit-il, gagné à Mons par M. Hardenpont. L'épithète *rance* signifierait, en Belgique, quelque chose d'aigre, qu'on a cru trouver dans la chair de cette Poire. Quant à moi, je n'y trouve rien de rance ni d'aigre.

dre, un peu rude par une grande quantité de points et de marbrures rousses qui la recouvrent ; le côté du soleil a de la tendance à rougir ; chair blanche, fine, beurrée ; eau assez abondante, sucrée, bonne. Mûrit à la mi-novembre.

J'attache à cette Poire le nom de M. Camuzet, chef des pépinières au Jardin des plantes de Paris, très habile dans la connaissance des fruits.

N° 56. *Belle garde*, V. M. M. Van Mons m'a envoyé cette belle et grosse Poire sans nom sous le n° 1454 ; mais ayant trouvé que ce n° répond à *Belle garde* dans son catalogue, j'ai dû m'y conformer. Forme ovale-ventrue, atténuée du côté de la queue, haute de 3 pouces et plus sur 2 pouces trois quarts de diamètre ; queue assez grosse, longue de 18 lignes, plantée obliquement ; œil grand, rond, placé à fleur, à divisions courtes et droites ; peau d'un jaune clair, finement ponctuée de roux, mais entièrement rousse autour de l'œil ; chair très blanche, demi-cassante ; eau abondante, sucrée, relevée, très bonne ; loges petites ; pepins courts, renflés, presque noirs.

Mûrit dans le commencement de novembre.

N° 57. *Léon Leclerc de Louvain*, V. M. Gain de 1825. Fruit ovale-oblong, un peu renflé, ayant le ventre vers le milieu de sa longueur, rétréci beaucoup et d'une manière obtuse vers la queue, haut de 3 pouces sur 2 pouces 1/2 de diamètre ; queue assez grosse et longue d'un pouce ; œil grand, comprimé, à divisions larges, caduques ou persistantes ; peau devenant d'un beau jaune dans l'ombre, lavée et fouettée de rouge sombre du côté du soleil ; chair d'un blanc jaunâtre, demi-beurrée ; eau abondante, sucrée, très bonne ; loges étroites ; pepins longs, pointus, très bruns. Mûrit vers la mi-novembre. Très bonne Poire envoyée sous ce nom par M. Van Mons, en 1833.

Voyez la description du Léon Leclerc de Laval, ci-après, n° 80.

N° 58. *Vilmorin*, P. (*rr* V. M.) Gain de 1833. Cette Poire a la grosseur et la forme d'un Doyenné dont le tiers supérieur serait un peu étranglé et allongé ; elle a presque 2 pouces et demi de hauteur sur autant de diamètre ; sa queue, assez grosse, est plantée à fleur ; œil comme dans la Poire à deux têtes ; peau d'un beau jaune clair dans l'ombre, ponctuée de roux, et rougeâtre du côté du soleil ; chair blanche, fondante, quoiqu'un peu grenue ; eau abondante, sucrée, relevée, excellente ; loges petites ; pepins très bruns, plats, aigus. Mûrit à la mi-novembre.

Je pense obtenir tous les suffrages en attachant le nom de M. Vilmorin à cette excellente Poire.

N° 59. *Poire Sabine*, V. M. Il y a 7 ou 8 ans que nous avons reçu en France, comme venant du Brabant, une Poire sous les noms d'Austrasie, de Jaminette : M. Noisette, ignorant sans doute ces noms et la jugeant avec raison nouvelle pour la France, l'a consacrée à M. Sabine, secrétaire de la Société horticulturale de Londres; mais voilà qu'en 1833 je reçois une Poire Sabine de M. Van Mons, et que je la trouve inscrite dans son catalogue, imprimé en 1823. Mais ce qu'il y a de plus singulier, c'est que cette Poire Sabine était la Poire d'Austrasie, la Jaminette, la même que M. Noisette venait de dédier une seconde fois à M. Sabine : maintenant, il ne nous reste plus qu'à savoir ce que c'est que la Jaminette du catalogue de M. Van Mons.

La Poire Sabine paraît jouer un peu dans sa forme; elle est ovale-arrondie, rétrécie et plus ou moins obtuse du côté de la queue, haute de 2 pouces et demi à 2 pouces trois quarts sur 2 pouces et demi de diamètre; queue assez grosse, longue de près d'un pouce; œil peu enfoncé, à divisions ouvertes, souvent caduques; peau d'abord verte, jaunissant un peu à la maturité, couverte d'une tache grise à l'insertion de la queue et d'une autre autour de l'œil, piquetée de petits points verts et marbrée de roux dans le reste de sa surface; chair blanche, un peu jaunâtre, demi-fine, fondante; eau abondante, sucrée, sapide, relevée d'un parfum particulier, excellente; loges petites; pepins courts, renflés, marron foncé. Mûrit d'octobre en décembre.

Les taches grises du bas et du sommet de cette Poire, la couche pierreuse placée sous son épiderme et qui est assez dure pour faire crier le couteau, sont des caractères qui contribuent à la faire reconnaître.

N° 60. *Dauphine*, P. (*b* ou *h*, V. M.) Gain de 1833. Je n'ai pu deviner si le signe de M. Van Mons était un *b* ou un *h*; mais il me disait que cette Poire était sortie de la Souveraine, autre Poire que je ne connais pas, c'est pourquoi j'appelle celle-ci Dauphine. C'est un beau fruit ovale-oblong, obtus, haut de 2 pouces trois quarts sur 2 pouces et demi de diamètre; queue fort grosse; œil grand, mais très comprimé, à divisions moyennes; peau jaune citron, lisse, luisante, très finement ponctuée de roux; chair blanche, tant soit peu jaunâtre, fondante, quoiqu'un peu grenue; eau abondante, sucrée, très bonne; loges petites; pepins gros, pointus, presque noirs.

Mûrit vers la mi-novembre. C'est presque une excellente Poire.

N° 61. *Poire Azaïs*, P. (1482, V. M.) Gain de 1832. Fruit constant dans sa forme, qui est un ovale renflé, aminci et obtus du côté de la queue, haut de 2 pouces ½ sur presque autant de diamètre; queue assez grosse, longue de 6 à 10 lignes, placée dans un enfoncement bossué; œil petit, comprimé, peu enfoncé, à divisions très courtes un peu charnues à la base; peau d'un jaune clair, légèrement ponctuée de roux; chair blanche, très fine, très fondante; eau abondante, sucrée, relevée, délicieuse; loges étroites, assez longues; pepins petits, la plupart avortés. Mûrit fin de novembre.

M. Van Mons m'ayant permis de nommer les Poires qu'il m'adresse sous de simples numéros, je dédie celle-ci au vénérable philosophe auteur des *Compensations*, dont les paroles, plus suaves que le miel, coulent de ses lèvres comme le suc de cette Poire coule dans la bouche.

N° 62. *Dalbret*, P. (*l*, V. M.) Gain de 1833. Fruit turbiné, ventru, se rapprochant, beaucoup par la forme et le volume, de notre épine d'été, haut de 2 pouces et demi sur 2 pouces de diamètre; queue assez grosse, longue de 9 à 10 lignes; œil à fleur, à divisions larges et courtes; peau d'un vert clair, finement ponctuée de gris et marquée de quelques taches de cette couleur, jaunissant un peu à la maturité; chair d'un blanc jaunâtre, semi-fondante, quoiqu'un peu pierreuse autour des loges; eau assez abondante, sucrée, parfumée, excellente; loges très petites; pepins courts, marrons.

Mûrit vers la mi-novembre. J'attache à cette Poire le nom de M. Dalbret, chef de l'Ecole des arbres fruitiers, au Jardin des Plantes, et auteur d'un excellent ouvrage sur la taille des arbres fruitiers.

N° 63. *Jean-Baptiste*, V. M. J'ai reçu en même temps des échantillons de cette Poire, par M. Bonnet, de Boulogne-sur-Mer, et par M. Van Mons, de Louvain; ceux de M. Bonnet m'ayant paru les plus parfaits, j'en ai tiré la description suivante.

Poire presque conique, obtuse aux deux bouts, haute de près de 4 pouces; queue longue d'un pouce, renflée à la base; œil presqu'à fleur, large, nu; peau verte dans l'ombre, lavée de rouge du côté du soleil, piquetée partout de points roux et couverte d'une tache rousse près de la queue; chair blanche, mi-fondante; eau abondante, sucrée, parfumée, très bonne; loges, la plupart ou toutes, avortées, ne laissant aucune trace; pepins nuls.

Mûrit en octobre, en novembre et en décembre. Elle a été gagnée à Ath, dans le Hainaut.

N° 64. *Poire Canet*, P. (1660, V. M.) Gain de 1833. Forme d'un beau Saint-Germain renflé, haut de 3 pouces $^{1}/_{4}$; queue grosse et courte; œil moyen dans une légère cavité étroite, à divisions épaisses, raides, fort dures et noires; peau jaune, pustulée comme celle d'une orange, et ces pustules, en se crevant, deviennent autant de petits points roussâtres; chair très blanche, demi-fine, fondante; eau assez abondante, sucrée, relevée, fort bonne; loges moyennes; pepins moyens, bien nourris, presque noirs. Mûrit fin de novembre et en décembre.

Je consacre cette Poire à mon ami, M. Canet, avantageusement connu comme architecte et planteur de jardins.

N° 65. *Poire His*, P. (1628, V. M.) Gain de 1828. Fruit régulier, ové, haut de près de 3 pouces sur 2 pouces 1/4 de diamètre; queue menue, longue d'un pouce, fauve roussâtre; œil presqu'à fleur, anguleux, à divisions larges, courtes, un peu charnues à la base; peau lisse, d'un jaune clair, ponctuée de roux surtout du côté du soleil, où l'on remarque quelques dispositions à rougir; il y a des tavelures rousses autour de l'œil; chair très blanche, fine, fondante; eau très abondante, sucrée, relevée, délicieuse. Mûrit fin d'octobre et en novembre.

J'attache à cette Poire le nom de M. His, inspecteur des bibliothèques du royaume, amateur éclairé, et qui cultive une riche collection d'orangers.

Nota. On trouve, dans la 2e édition du jardin fruitier de M. Noisette, une *Poire His*, sous le n° 168, V. M., différente de celle-ci par la forme seulement; mais ayant vu, dans le catalogue de M. Van Mons, que le n° 168 est lié à une Poire intitulée *Jefferson*, j'ai dû transporter le nom de M. His au n° 1628, V. M., attaché à une Poire nouvelle d'excellente qualité.

N° 66. *Soulange Bodin*, P. (Innominée, 1832, V. M.) Gain de 1832. Fruit ayant la forme d'un très beau Messire-Jean, un peu atténué du côté de la queue, qui est grosse, longue de 6 à 7 lignes, un peu enfoncée entre quelques petites côtes; œil très irrégulier, placé dans un large aplatissement un peu concave, à divisions charnues, droites, creusées en gouttière; peau d'un beau jaune, piquetée et tigrée de roux; chair blanche, aux trois quarts fine, fondante; eau abondante, sucrée, relevée, parfumée, excellente; loges moyennes; pepins larges, marron foncé.

Cette excellente Poire mûrit vers la mi-novembre : elle faisait partie des envois que M. Van Mons m'a faits en 1834. Je la dédie à M. Soulange Bodin, fondateur et directeur de l'Institut horticole de Fromont, et dont les connaissances et le mérite sont au dessus de mes éloges.

N° 67. *Limon de Louvain*, P. (887, V. M.) Gain de 1829. Cette Poire a la forme et la grosseur d'un Citron ordinaire, haut de 2 pouces 3/4 sur 2 pouces 1/4 de diamètre; queue assez grosse, longue d'un pouce, plantée entre quelques petites côtes; œil moyen, à divisions larges, divergentes, placé dans un enfoncement étroit entouré de côtes; peau d'un jaune doré, ponctuée de roussâtre du côté du soleil ; chair blanche, à grain un peu gros ; eau excellente. Mûrit en décembre et en janvier.

Ayant dégusté cette Poire trop tôt et trop tard, je ne puis préciser sa qualité ; mais je crois pouvoir assurer qu'elle est au moins bonne.

N° 68. *Roux doré*, P. (1700, V. M.) Gain de 1833. Joli fruit peu variable, de forme et volume d'un moyen Saint-Germain, haut de presque 3 pouces sur 2 pouces de diamètre ; queue assez grosse, longue de 6 lignes, plantée obliquement ; œil à fleur, à divisions larges, charnues, conniventes ; peau jaune d'or foncé, fortement ponctuée et tavelée de roux, ayant une grande tache de cette couleur à l'insertion de la queue et une autre autour de l'œil ; chair d'un blanc jaunâtre, mi-fondante, quoiqu'un peu granuleuse près des loges ; eau assez abondante, sucrée, relevée, fort bonne ; loges petites ; pepins petits, aigus, fort noirs.

Mûrit vers la fin de décembre. Ce fruit doit être placé au premier rang dans la seconde classe.

N° 69. *Cœur jaune*, P. (*b*, *b*, V. M.) Gain de 1832. Forme de Mouillé-bouche ou d'œuf allongé, haut de 2 pouces 1/2 sur 2 pouces de diamètre ; queue menue, longue d'un pouce ; œil à fleur presque fermé par ses divisions convergentes ; peau passant du vert tendre au jaune clair, finement ponctuée de roux ; chair blanche à la circonférence, jaunâtre près des loges où il y a des granulations pierreuses, demi-fine, assez fondante ; eau sucrée, assez abondante, relevée d'un goût particulier que l'on retrouve dans plusieurs Poires nouvelles.

Mûrit vers la fin de décembre. Fruit de 2e ou 3e qualité.

N° 70. *Capucine*, V. M. Forme tantôt turbinée-obtuse, haute de 2 pouces un quart sur 2 pouces de diamètre, tantôt en œuf allongé, haut de 2 pouces et demi sur 2 pouces de diamètre ; queue longue de 6 à 7 lignes ; œil presqu'à fleur, ouvert, à divisions étroites, étalées lorsqu'elles persistent ; peau verte, jaunissant à peine à la maturité, roussâtre vers l'œil et vers la queue, ponctuée sur tout le reste ; chair verte, assez ferme, croquante même et cependant demi-fondante ; eau abondante, sucrée, parfumée, excellente ; loges moyennes ; pepins gros, bien nourris, couleur marron.

Cette Poire, que l'on aurait pu appeler *laide et bonne*, a la chair plus verte, en état de maturité, qu'aucune autre Poire ; elle mûrit dans la dernière quinzaine de décembre. Trouvée dans un jardin de Capucins.

N° 71. *Délice de Noël*, P. (1254, V. M.) Gain de 1833. Fruit ovale, un peu turbiné, obtus, haut de 2 pouc. 1/4 sur 2 pouc. de diamètre ; queue grosse, longue de 8 lignes, un peu enfoncée ; œil ouvert, anguleux, à divisions larges, tronquées, placé à fleur; peau d'un fond jaune doré, très ponctuée de roux et même recouverte en partie de cette couleur, surtout vers la queue et du côté du soleil; elle se ride beaucoup à la maturité et devient grenue; chair d'un blanc jaunâtre, demi-fine, demi-fondante, granuleuse près des loges, bonne; eau assez abondante, sucrée, parfumée, excellente; loges petites; pepins gros, marron foncé, emplissant presque les loges.

Mûrit fin de décembre.

N° 72. *Jutifère*, P. (*e*, *e*, V. M.) Gain de 1833. Fruit ovale, ventru, atténué et obtus vers la queue, haut de 2 pouces et demi sur 2 pouces 1/4 de diamètre; queue de moyenne grosseur, longue d'un pouce; œil grand, placé dans un large aplatissement, à divisions larges, étalées en étoile; peau d'un jaune doré, finement ponctuée; chair blanche, très fine, bien fondante; eau très abondante, sucrée, excellente; loges moyennes; pepins larges, plats, marron foncé.

Mûrit vers la fin de décembre. Je l'appelle jutifère, de l'abondance de son jus.

N° 73. *Rosier*, P. (*f*, V. M.) Gain de 1833. J'avais eu l'intention d'attacher le nom de Duhamel à ce beau fruit; mais m'étant aperçu qu'il y a une Poire Duhamel dans le catalogue de M. Van Mons et dans celui de la Société horticulturale de Londres, laquelle Poire, à notre grande honte, nous ne connaissons nullement en France, je consacre celle-ci à la mémoire de Rosier, autre agronome célèbre, qui a péri malheureusement dans la ville de Lyon par les réactions de notre première révolution. C'est un très gros fruit, ovale, ventru, obtus, un peu étranglé dans le tiers supérieur, haut de 4 pouces sur 3 pouces et plus en diamètre; queue grosse, longue de 15 à 18 lignes, un peu enfoncée entre des côtes; œil grand, ouvert, à divisions courtes, concaves, droites ou étoilées; peau jaune, ponctuée de roux dans l'ombre, lavée et fouettée de rouge du côté du soleil; chair blanche, grenue, pas très fine, mais fondante; eau très abondante, sucrée, assez relevée, fort bonne; loges petites; pepins petits, pointus.

Cette belle Poire mûrit fin de décembre; elle mérite une place distinguée dans nos jardins.

N° 74. *Aqualine*, P. (*a*, V. M.) Gain de 1833. Belle forme ovale-oblongue, obtuse, haute de 2 pouces trois quarts sur 2 pouces et plus de diamètre; queue de moyenne grosseur, longue de 15 lignes; œil presqu'à fleur, à divisions larges, courtes, noires; peau passant du vert clair au jaune faible verdâtre, finement ponctuée de gris roux; chair blanche, demi-fine, très fondante; eau abondante, sucrée, relevée, bonne; loges assez grandes; pepins moyens, marrons. Mûrit fin de décembre.

J'appelle cette Poire aqualine, à cause de l'abondance de son eau, quoique la Napoléon, la Grosse Calebasse et quelques autres en aient peut-être autant qu'elle.

N° 75. *Delaunay*, P. (*h*, V. M.) Gain de 1833. Fruit turbiné, ventru, haut de 2 pouces 1/2 sur 2 pouces 1/4 de diamètre; queue assez grosse, longue de 9 à 10 lignes; œil placé à fleur, moyen, à divisions très courtes, blanchâtres; peau jaunissant à la maturité, rarement lisse, plus souvent piquetée et marbrée de fauve, rougeâtre du côté du soleil; chair d'un blanc terne, demi-fine, demi-fondante, ayant un peu de grains pierreux; eau abondante, sucrée, parfumée, très bonne; loges très petites; pepins gros, courts, bien nourris.

Cette Poire mûrit en décembre et janvier : je la dédie à la mémoire de Mordant Delaunay, rédacteur du *Bon Jardinier*, sous l'empire, amateur, homme de lettres, et qui avait donné à cet ouvrage une teinte littéraire que l'abondance des matières survenues depuis n'a pas permis de conserver.

N° 76. *Petit œil*, P. (*y*, V. M.) Gain de 1833. Forme ovale, ventrue, atténuée vers la queue, un peu étranglée dans le tiers supérieur, haute de 3 pouces sur 2 pouces 1/2 de diamètre; queue grosse, longue de 15 lignes, plantée obliquement; œil très petit, rond, perdant toutes ses divisions, placé dans un étroit enfoncement; peau d'un jaune d'or foncé, piquetée de gros points roux avec une tache de cette couleur près de la queue; chair blanche à la circonférence et jaunâtre dans le rocher, un peu grenue, demi-fine, demi-fondante; eau pas très abondante, sucrée, légèrement parfumée, bonne; loges petites; pepins courts, aigus.

Mûrit vers la fin de décembre. C'est une Poire de seconde qualité.

N° 77. *Longuette dorée*, P. (*h h*, V. Gain de 1833. M.) Ce fruit répand une bonne odeur; son nom vient de sa forme et de sa couleur : il a 3 pouces de hauteur sur 2 pouces de diamètre à l'endroit le plus renflé; queue assez grosse, chagrinée, longue d'un pouce; œil grand, peu enfoncé, à divisions larges et courtes; peau d'un beau jaune doré, piquetée de gros points rouges-bruns du côté du soleil; chair d'un blanc jaunâtre, demi-fine, demi-fondante; eau assez abondante, sucrée, parfumée, bonne; loges petites; pepins fort longs, maigres la plupart.

Mûrit à la mi-janvier. Elle est digne de la culture.

N° 78. *Long pepin*, P. (1649, V. M.) Gain de 1832. Beau et gros fruit à ventre arrondi, atténué et comprimé dans le tiers supérieur, où il se termine obliquement, haut de 3 pouces sur 2 pouces $^1/_2$ de diamètre; queue longue d'un pouce, assez grosse, plantée obliquement; œil moyen dans un large enfoncement, à divisions aiguës, divergentes; peau devenant jaune à la maturité, mais paraissant roussâtre par une grande quantité de points et de marbrures rousses; chair d'un blanc jaunâtre, d'abord ferme, demi-cassante, ensuite tendre; eau suffisante, douce, parfumée; loges longues, étroites; pepins noirs, extrêmement longs, d'où le nom de cette Poire, qui mûrit vers la fin de janvier.

Je n'ai pu m'assurer complétement des qualités de cette Poire; mais, vu son gros volume, elle mérite la culture, ne serait-ce que comme Poire à cuire.

N° 79. *Cassante rousse*, P. (1638, V. M.) Gain de 1834. Fort beau fruit, bien fait, ovale-oblong, obtus, haut de 3 pouces sur 2 pouces $^1/_2$ de diamètre; queue menue, courte, enfoncée; œil petit, dans un léger enfoncement, à divisions courtes, conniventes; peau luisante, jaune, mais presque toute rousse par des taches de cette couleur qui ne forment aucune saillie; chair d'un blanc jaunâtre, mi-cassante, grenue; eau très abondante, sucrée, assez relevée, très bonne; loges moyennes; pepins gros, courts, fauves.

Mûrit vers la fin de février. L'abondance et la bonté de son eau rachètent ce qui manque de finesse dans la chair.

N° 80. *Léon Leclerc de Laval*, P. Depuis plusieurs années, M. Léon Leclerc, pomologiste éclairé et très ardent, à Laval (Mayenne), envoie aux expositions de la Société d'Horticulture de Paris des Poires d'un arbre qu'il tient de M. Van Mons, sous le nom de *Léon Leclerc;* mais ces fruits sont différens et mûrissent à une autre époque que ceux que j'ai reçus de M. Van Mons sous le même nom, en 1833 (*voir* leur description au n° 57) : de sorte qu'il y a eu nécessairement une erreur dans l'un des envois; et comme toutes deux sont dignes d'être multipliées dans nos jardins, j'ai cru devoir les décrire l'une et l'autre en ajoutant au nom de l'une l'épithète *Louvain,* et à l'autre celle de *Laval.*

Le Léon Leclerc de Laval est un gros fruit ventru et arrondi du côté de la tête, aminci et un peu étranglé dans le tiers supérieur, obtus du côté de la queue, haut de 3 pouces à 3 pouces $^1/_2$ sur 3 pouces de diamètre; sa queue est assez grosse, renflée à la base et longue de 15 lignes; son œil, assez grand, conserve les étamines, et ses divisions, étroites et assez longues, sont laineuses et blanchâtres au sommet; la peau est d'un assez beau jaune, un peu luisante, piquetée d'assez gros points roux clair, et ordinairement couverte, vers l'œil et vers la queue, d'une grande tache frangée de cette couleur; la chair est blanche, demi-fine, demi-fondante;

eau abondante, assez sucrée, peu parfumée; loges grandes; pepins noirs, fort longs, les uns parfaits et gros, les autres maigres et avortés.

Si cette Poire avait plus de parfum, elle serait l'une des plus excellentes : mais elle a le mérite d'être d'une très longue garde, puisqu'on peut en manger depuis novembre jusqu'en juin et juillet.

Nota. Je me borne à ces quatre-vingts Poires, quoiqu'elles ne forment pas le quart de la quantité que M. Van Mons m'a envoyée en 1833 et 1834; mais leur nombre est assez grand, je l'espère, pour prouver que la théorie Van Mons mérite la confiance des pomologistes, puisque personne n'a jamais obtenu autant de bons fruits que lui. C'est tout ce que j'ai voulu mettre en évidence dans cette notice. Je finis par l'explication de la greffe qu'il pratique le plus dans ses pépipinières.

Greffe par copulation, pratiquée chez M. Van Mons.

Selon le professeur A. Thoüin (*Cours de Culture et de Naturalisation des végétaux*), cette greffe serait une des cinq variétés de celle qu'il appelle greffe Kuffner, désignées ainsi : *a G. d'incision de l'empereur Agricola*; *b G., de rapport oblique*; *c G. allemande*; *d G. copulation*; *e G. de Holyk*; et il cite les ouvrages où elles sont décrites et figurées. M. Noisette, arrivant après M. A. Thoüin, y a ajouté une sixième variété, sous le nom de *greffe par juxta-position par biseau*, et en a donné une figure, *Pl. II, fig.* 12, dans son *Manuel complet du Jardinier*. Quant au mérite de la greffe Kuffner et de ses six variétés, voici ce qu'en a écrit le professeur Thoüin : plus propre à figurer dans l'histoire des greffes que dans la pratique de cet art, parce qu'elle est peu solide. M. Noisette dit à peu près la même chose.

Mais voici venir M. Van Mons, qui a toujours employé la greffe par copulation dans ses pépinières, qui la préfère à toutes les autres, et qui en est extrêmement satisfait. Si on était disposé à ne pas le croire, je pourrais ajouter que des témoins oculaires, désintéressés dans la question, m'ont pleinement confirmé tout ce que m'avait écrit M. Van Mons, en m'en adressant des figures ; il la pratique même au coin du feu, comme nous faisons ici pour le Paradis; il la pratique avec une racine sur racine pour en fournir à un arbre qui en manque. Quand un arbre vient de mourir de mort violente, ses rameaux ridés, morts pour bien des gens, se greffent avec succès par copulation : elle facilite la reprise des sujets plantés tardivement; elle réussit avec un scion herbacé sur un sujet ligneux, et peut, par conséquent, se pratiquer en été comme en hiver.

Quoique la meilleure condition pour la réussite soit que le sujet et la greffe aient le même diamètre, le sujet peut cependant être plus gros que la greffe ou la greffe plus grosse que le sujet.

Explication des figures de la greffe par copulation.

Pl. II, fig. 1re. Exemple où le sujet et la greffe sont de même diamètre : l'un et l'autre sont taillés en biseau fort allongé dans un sens opposé, et les plaies s'appliquent l'une sur l'autre aussi exactement que possible, avec la précaution surtout que les libers ou les couches les plus intérieures de l'écorce coïncident entre eux, en tout ou en grande partie. Pour attirer la sève, il est avantageux de ménager un œil *a* dans le haut du sujet et un autre œil *b* dans le bas de la greffe; mais elle réussit également bien sans cette précaution, qui, d'ailleurs, n'est pas toujours praticable. Quand les deux pièces sont ajustées, M. Van Mons les ligature avec du jonc et recouvre les plaies de mastic jaune fondu au bain-Marie. Notre cire à greffer serait sans doute aussi bonne.

Fig. 2. Exemple où le sujet est plus gros que la greffe. On coupe également le sujet *a* et la greffe *b* en biseau allongé, on ménage un œil tout près du bord supérieur de la greffe, et on applique la plaie de celle-ci sur la plaie du sujet, comme on le voit *fig.* 3, et de manière que l'intérieur du liber du sujet et celui de la greffe se touchent et coïncident dans la plus grande étendue possible, puisque c'est seulement entre le bois et l'écorce que l'union organique peut s'effectuer dans les dicotylédons ligneux, à couches concentriques.

On conçoit aisément que, dans cet exemple, la grande plaie *a* doit être long-temps à se recouvrir, et que la greffe serait exposée à être décollée par le vent si elle était pratiquée à haute tige.

Fig. 4. Autre exemple où le sujet est aussi plus gros que la greffe. Ici il y a une modification que M. Van Mons ne m'a pas expliquée; mais je suppose que le biseau *a* est plutôt pour faciliter le recouvrement que pour recevoir une greffe, comme celle de la *fig.* 3; quoi qu'il en soit, la greffe *b* sera toujours dans une meilleure condition que celle qui serait placée sur le biseau *a*, quoiqu'en raison du plus grand diamètre du sujet la greffe *b* ne puisse s'y attacher que par un côté.

POITEAU.

Addenda.

M. le comte Lelieur, de Ville-sur-Arce, croit, avec MM. de Murinais et Bonnet, que le sujet influe sur les graines de la greffe. Pendant son séjour dans l'Amérique du Nord, il a remarqué, dans les environs de New-York, une Pêche rouge et une Pêche blanche qui se perpétuent de graines sans varier; mais lorsqu'il eut greffé la rouge sur la blanche et la blanche sur la rouge, les noyaux des fruits qui en provinrent ne donnèrent plus de fruits ni parfaitement rouges, ni parfaitement blancs; les deux couleurs étaient mélangées.

Extrait des *Annales de la Société d'Horticulture de Paris*, Tom. XV.

IMPRIMERIE DE Mme HUZARD (née VALLAT LA CHAPELLE),
Rue de l'Éperon, n° 7.

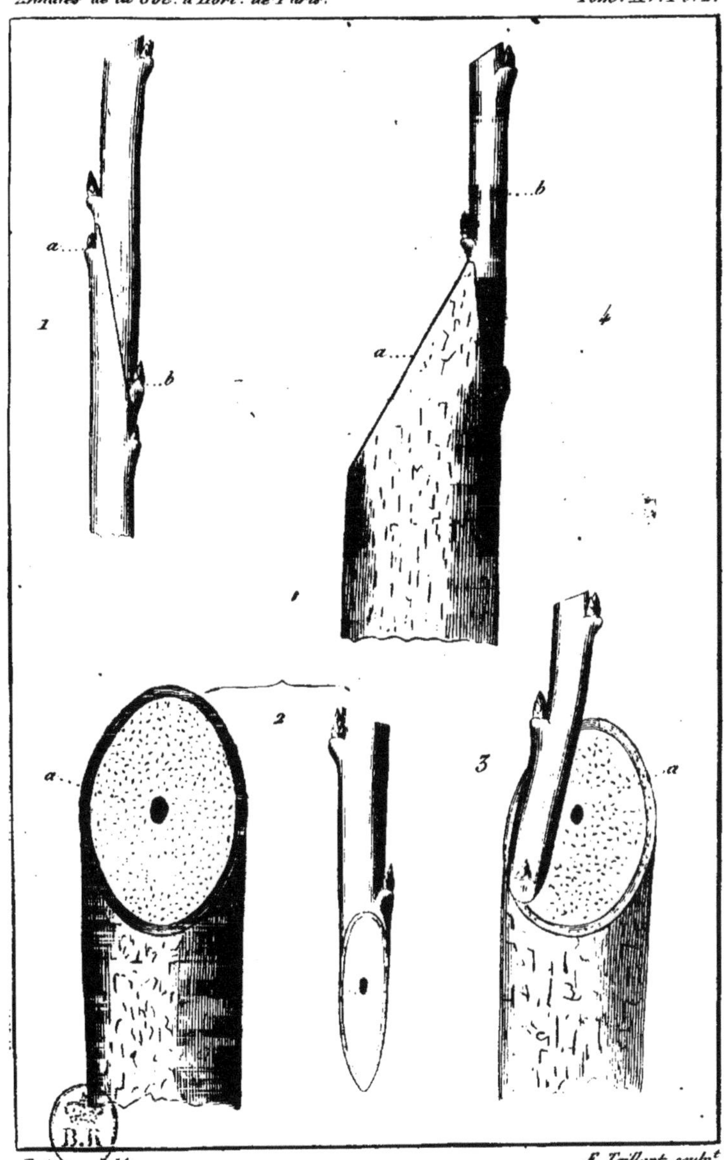

Greffe par copulation.

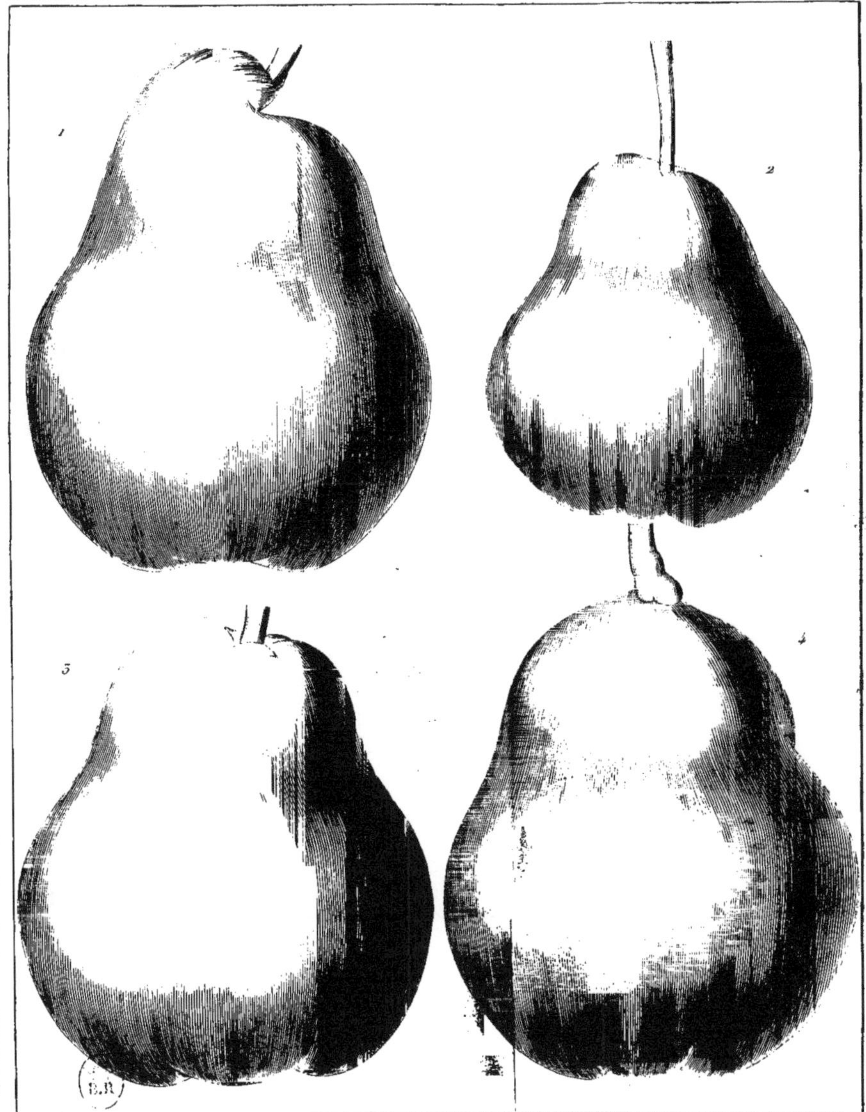

Poiteau del.t E. Taillant sculp.t

Poire Napoléon.

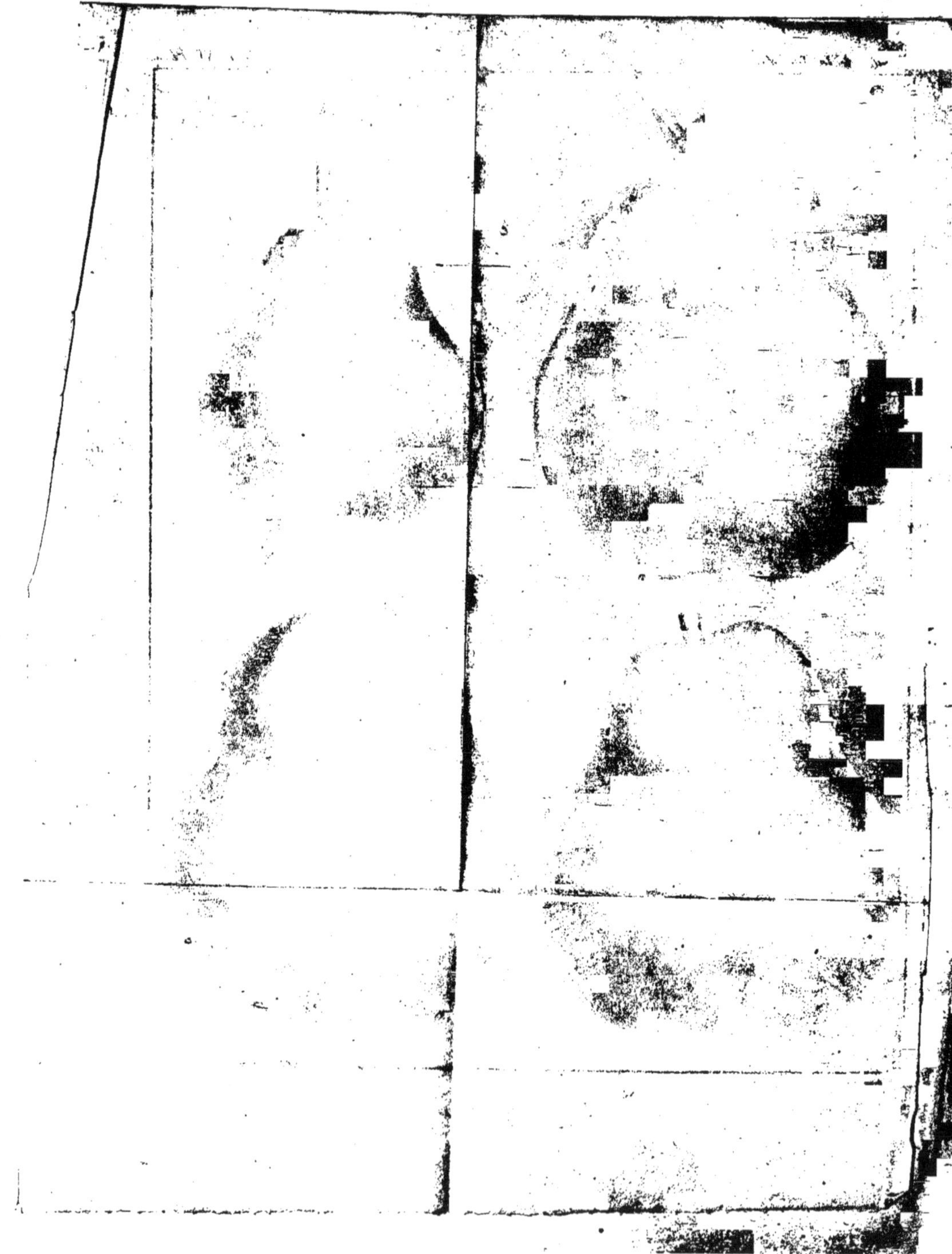

www.ingramcontent.com/pod-product-compliance
Ingram Content Group UK Ltd.
Pitfield, Milton Keynes, MK11 3LW, UK
UKHW022124260726
13993UKWH00003B/1225

9 782329 278780